林敬彬

89.7.8

出版

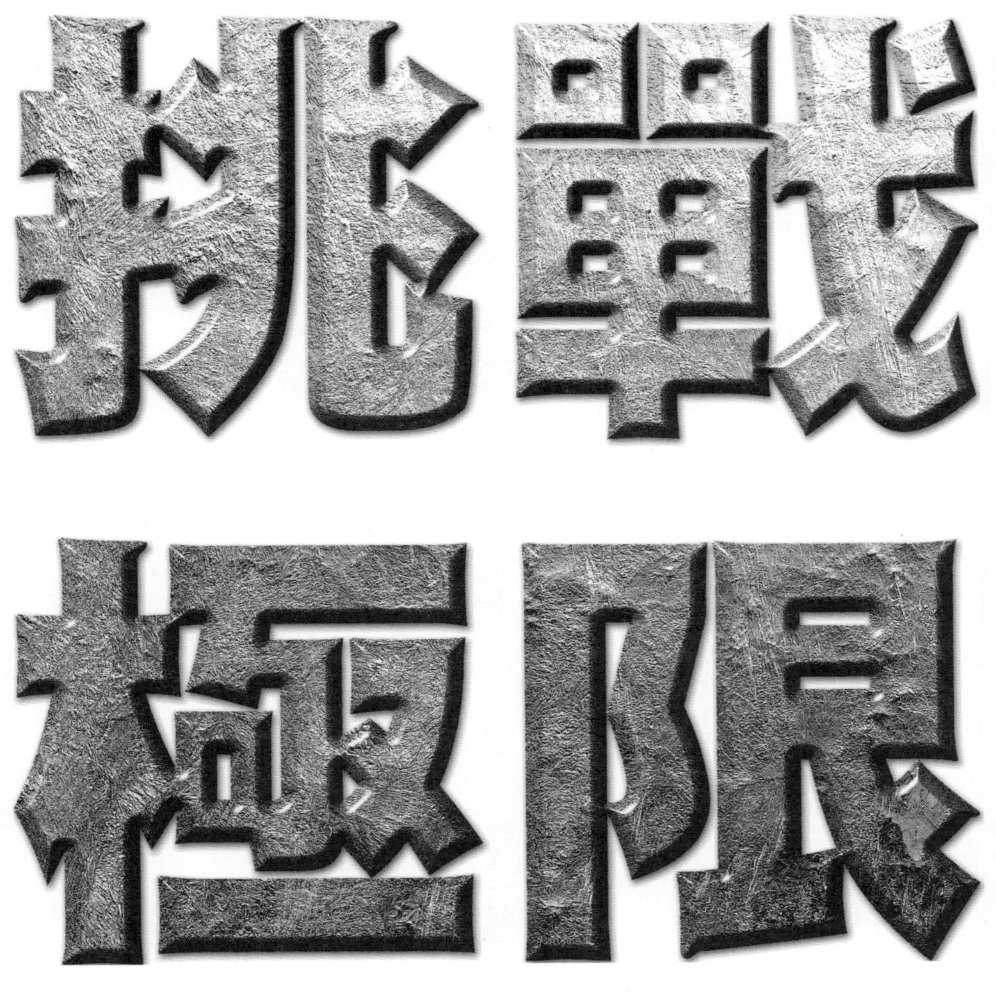

200個企業起死回生成功實例

作者／三浦 進　譯者／唐一寧

推薦序

小中　陽太郎

俗話說：「戲法人人會變，各有巧妙不同」。

誠然如此。把戲不同，造成的結果也不一樣。今天這個社會，什麼把戲都有，像「美人計」那種讓人摸不著頭緒的把戲也是時有所聞。過去日本連一本具體描述「企業的促銷手法」的書籍都沒有，是多麼不可思議的事，但這一點兒也不為過。由促銷高手三浦進（本書作者）所寫的這本書，就稱得上是這類議題的開路先鋒，但本書的出版，多少也帶點兒反諷和戲謔的意味。

日本麥當勞公司的藤田社長表示：「這本沒有立說基礎，也不玩把戲的《挑戰極限》終於出版了。倘若真要說促使本書出版的根源在哪裡，那麼三浦先生（作者）長年在銷售現場培養出來的銷售手法就當推之」。

三浦先生把促銷手法歸類為廣告、銷售和業者所玩的把戲三部分，同時他並強調投入大筆資金來促銷，也絕非他的主張。至於智慧（即點子〔idea〕），才是促銷手法的要件，這種智慧，就是他極力推薦的「如何提高顧客對商品之興趣」及「如何開拓顧客對商品之興趣」的手法。

本書的特點是，把成功企業的祕密檔案和所創造的實際營收（以數字表示）全部收錄起來，藉以增加說服力。而事實上，作者收錄報導的對象（企業）並非取決於企業的規模，從百貨公司、JR（日本國鐵），到烤雞外送公司和便利商店都有。從「新光三越」的前身「越後屋和服店」之創始人三井高利先生的一件善舉中，充滿創意的三浦先生也能想出一個點子。至於這件善舉則肇始於「三井先生為那些沒有帶傘，卻突然遇到下雨的人，提供上面寫著「越後屋」字樣的公德傘。」因為這件善舉，三浦聯想位於東京京橋的烤雞店也可如法泡製的在送貨機車上，印著「烤雞外送」的字樣。此外，要求騎車外送小弟本身服裝的清潔，也能給人衛生乾淨的好印象。

由此看來，三浦主張的「促銷手法」意在喚起人類既豐富又高雅的情感。

但他也有判斷錯誤的地方，也就是請我這個對「促銷」並不在行的人寫序。然而，或許自平賀源內以來廣告就是一種促銷，多年來三浦獨力持續發行其獨特的個人通訊雜誌《明信片專欄》，時至今日竟也出版了一八六期。身為三浦專欄忠實者的我，也向採會員制的日本PEN CLUB推薦這號人物。若透過他的文字，進而活用每篇短文所闡述的方法，相信必能在潛移默化中，學會三浦施展的「把戲」，而這也是我樂於向大家介紹這本書的原因。

小中陽太郎

一九三四年出生日本兵庫縣

一九五八年東京大學德文系畢業

留美取得學位歸國後，旋即進入NHK電視台施展長才

現為知名專欄作家、日本Pen Club常務理事長、中部女子短期大學教授

小中先生以其精準的專業角度與洗鍊筆法，著有「好孩子•壞孩子•淘氣的孩子」、「我遇到很多的人」等受歡迎暢銷書，並譯有「夏娃的日記」、「螞蟻」等知名書籍。

自序

三浦 進

有位美國少年家裡養了許多隻兔子，每天都要拿大量草料去餵食牠們，可光憑他一個人的力量卻是無法辦到。有一天少年想到了一個法子，他把附近的小孩都叫了過來，並對他們說：「各位，如果你們幫我找草料，我就把這些兔子用你們的名字來命名。」

到了第二天，每個孩子為了擁有一隻和自己同名的兔子，都卯足了勁兒努力尋找草料，並把草料運到少年的家裡。這個故事的主人翁，就是後來成為美國鋼鐵大王的卡內基。這則小故事暗示出，少年時代的卡內基就已展露出他的商業長才和那無與倫比的創意智慧。

從事促銷工作已30餘載的我，憶起年輕時曾拜讀卡內基先生的大作《促銷的基本》，如今似乎更能體悟書中傳達的意涵。

同時我也逐漸明瞭，諸如：「百貨公司的一樓為什麼沒有洗手間?箱型電梯為什麼一定要設在各樓層裡面?」、「同一處商店街的商店，在價格相同下，有些門可羅雀，有些卻生意興隆呢?」這些常令我困惑的問題，原因就在於店家的促銷手法不同。

對於促銷的手法，我把它分為廣告手法、銷售手法及業者所玩的把戲。其中對於「把戲」的闡述，則是我參考業界實例及親身所得的體驗，特別提出的。

我認為促銷絕非難事，同時也無須花費大筆金錢，重要的是，「促銷要有好點子」，如何激發好點子並加以實現，才是企業一決勝負的關鍵。

日本麥當勞公司的藤田社長，是我相當推崇的高明促銷策略家。據他表示：「促銷的成功與否，不在於知識而在於智慧」；這句話或許正可對促銷的意義作最簡潔的註解。

本書旨在成為指引企業成功促銷的寶典。願每位讀者都能從書中收錄的諸多小實例中，獲得若干啟示。

此外，本書的出版也受到日本評論家兼PEN CLUB常務理事小中陽太郎先生的大力推薦，在此深表謝意。而藉此機會，我也要一併感謝媒體記者北村良輔先生協助蒐集資料，並且提供許多寶貴的建議。

本書係彙整我多年累積的構想而成，盼讀者諸君能從中獲得助益，這將是我最大的喜悅。

挑戰極限——目錄

第三章 少數企業的促銷實例

第六章 什麼是「可替代」的門道？

第八章 傳授未公開的促銷手法

第一章

未接觸實例之前的促銷心得

未接觸實例之前的促銷心得

促銷的手法

促銷的手法不但廣泛且多樣，是無法一語道盡的。碰觸這類課題時，一般是在分析商品特性，並找出有效的促銷對策，但仍有不少人認為，廣告媒體才是主要的促銷手法，而廣告似乎也成為許多人心中認為的主要促銷管道。

本書第二十五頁彙整了促銷的手法。其中，有不少專書報導過第一項的「廣告手法」和第二項的「銷售手法」，其中也有不少實例。但是對第三項「業者所玩的把戲」的相關報導，卻幾乎付之闕如，沒有具體的論述。在此我要強調，第三項才是能讓業者有效達成促銷目的的鎖匙，也是本書出版的目的。在重視市場需求的先進國——日本，竟沒有一本詳細刊載業者所運用的「把戲」這類相關的書籍，實在令人詫異。

書中提到的「把戲」就是英語所說的「戲法（trick）」。對這個名詞，日本人多少有些排斥。但「把戲」一詞既非「欺騙」、「欺瞞」，也不是巧妙的陷阱。希望讀者可以了解，書中所說的「把戲」就是業者運用智慧施行的行銷策略。

（市場上的各種促銷手法）

1. 廣告手法

印刷媒體	●日曆 ●小冊子 ●宣傳單 ●海報 ●明信片 ●DM等等
書寫媒體	●看板 ●霓紅燈 ●光電效果(簾幕
廣告媒體	●新聞雜誌 ●廣播電視(網路
動態的媒體	●POP ●三明治先生（日本廣告的角色） ●四處走唱的團體 ●飛行船 ●廣告用的輕氣球等等

2. 銷售手法

●店鋪 ●營業活動 ●現場拍賣會 ●線上購物 ●電訪 ●會員組織

● telemarketing

3.業者所玩的把戲

●建立商品的魅力 ●促進顧客的購買慾 ●增加商品的買氣

●提高銷售人員的士氣 ●巧妙運用銷售手法

●sale、champion（如：premium、sampling、monitoring、contest、joint）

左右促銷的三步驟

本書係彙整促銷手法中，業者成功運用把戲的實例及我的親身經驗。說到「把戲」，一般人很容易小看它，但它卻是一切促銷活動之鑰。若不巧妙運用，就算賣得出去的商品也會滯銷。在進行此議題之前，我從市場背景、商品特性、共享（share）、其他競爭對手和預算（費用）等一連串的疑問，來思考把戲究竟為何物。因此，如何化解這一連串的疑問，同時企劃把戲的作法，就成為討論這個議題的先決條件。

我認為，「企劃、執行、檢證」（即plan do see）是企業玩把戲時最重要的三步驟。透過不斷的執行，這三個步驟將左右企業的促銷成果。

〈企劃流程與三步驟〉

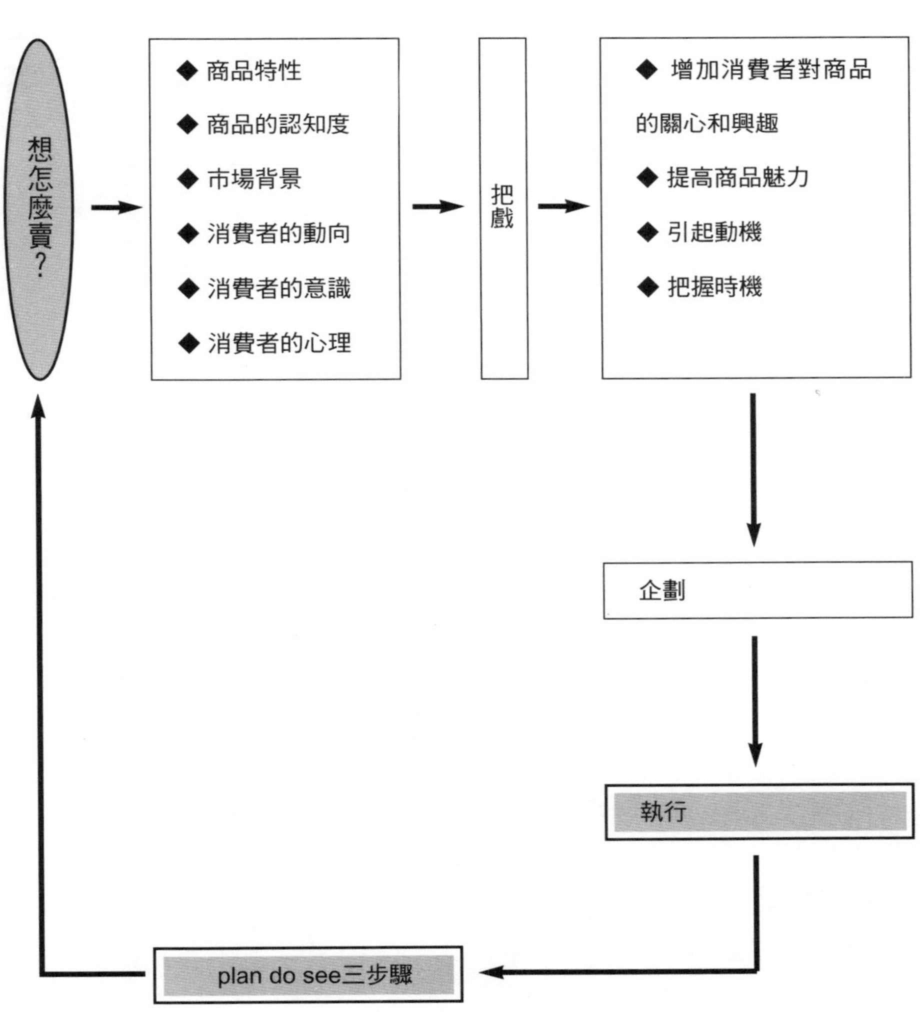
想怎麼賣?
◆ 商品特性
◆ 商品的認知度
◆ 市場背景
◆ 消費者的動向
◆ 消費者的意識
◆ 消費者的心理
把戲
◆ 增加消費者對商品的關心和興趣
◆ 提高商品魅力
◆ 引起動機
◆ 把握時機
企劃
執行
plan do see三步驟

企劃的步驟　其一

首先舉出兩個「促銷企劃案之擬定步驟」的例子，透過這兩個例子，相信讀者比較容易了解企劃促銷的步驟為何。這個世界上，有些人就是喜歡追求有趣的事物。請注意看本頁照片，這是一張推銷員所用的名片樣本，也是一張名副其實的「押花名片」。很可惜，雖然無法親眼看到實體，但這張名片右邊的押花必定是彩色的，而且各種押花經過印刷處理後，一張張造型獨特的凸面押花名片就出爐了。試想，這張名不見經傳的小紙片，究竟可以吸引哪一種行業的人士呢？

由於每張單價一百日圓，所以銷售的對象當然鎖定某些特定人士。有關這種名片的企劃步驟，揭示如下。

〈以押花名片為例的企劃流程〉

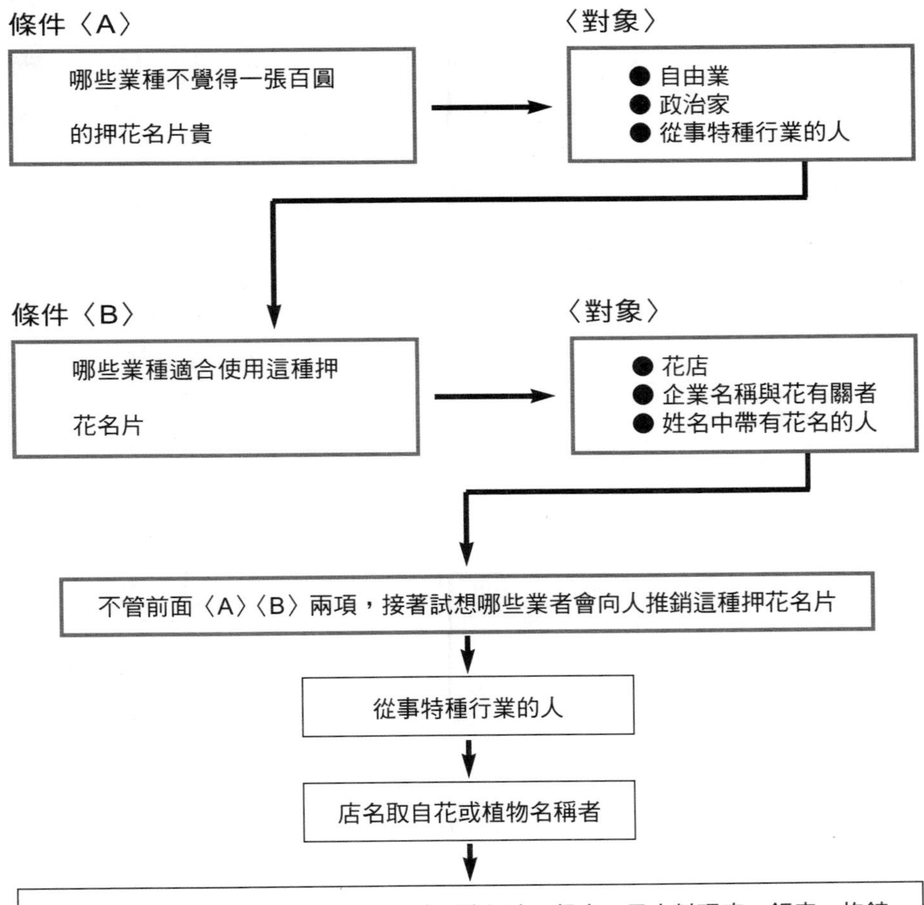

企劃的步驟　其二

日本昭和40年代初期，正值社會熱烈宣導「視聽教育」之際。

當時的我是在某家電器公司從事銷售的工作。為了要在幼稚園裡設置錄影機，我曾招待幼稚園的相關業者到東京·銀座的山葉大樓，為他們舉辦了一場「視聽教育演講會」。待演講過後，我不但示範操作當時的劃時代新產品──彩色VTR，同時還贈送每一位受邀者一個裡面裝有目錄和其他有關這次演講之紀念品的提袋。

在企劃紀念品的同時，我運用了NM手法（見後註）。而在創意的過程中，我聯想到本身就是各種色彩組合的「百合球根」，與會中展示的彩色VTR有異曲同工之妙。這個企劃創意後來也深獲大家好評，而我也因此榮獲由影視事業部部長頒發的「創意獎」，還受邀吃了一頓飯。

後註：NM手法是一種從商品或對方特性來激發創意的企劃手法；其目的是找出所有可以想到的事象（關鍵），然後很自然地將這些事象結合起來，並創造出一種概念。有關這種企劃步驟，請見次頁的說明。

〈NM手法的具體思考範例〉

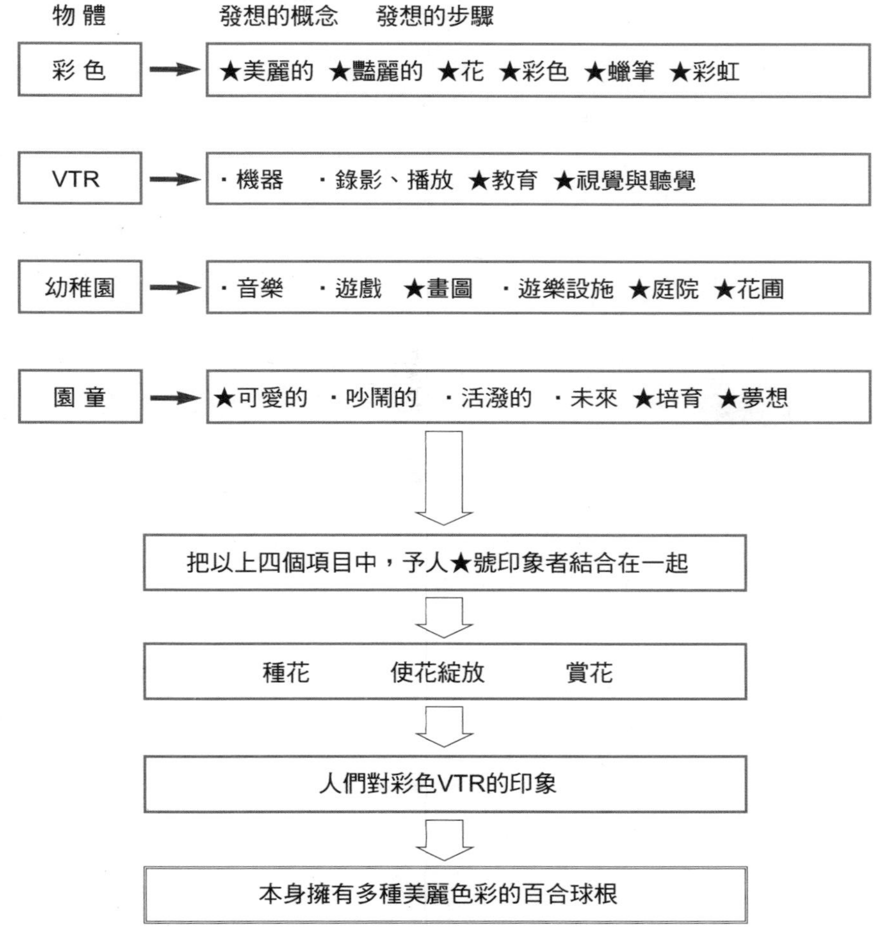

Memo

MAMO

第二章

街上暗喻的促銷手法

街上暗喻
的促銷手法

商店暨流通業界的促銷實例

掌握顧客心理，促成交易

商品的促銷不需要多大的技巧就可以成功。這裡介紹一個巧妙運用顧客心理的好例子。大葉超市（音譯名）的負責人中內先生一再強調：「大葉超市不是一個賣場，而必須是把所有商品作最佳展示的場所。」如今，大葉超市也真的實現了中內先生的要求。

在畫作拍賣會與畫廊等場所，我們常可以看見貼上紅色標籤或藍色標籤的畫作，其目的是告訴參觀者該畫作目前交易狀況是「已經被人訂走」（紅色者），還是「雙方正在洽談中」（藍色者）。當參觀者走到貼有紅色標籤的畫作前面，難免因為「反正這幅畫已經賣出去」的心理，就轉而去看下一幅畫。但是，反觀貼上藍色標籤的畫作，參觀者總是站在畫作前，久久不會離去，且還殷切地向工作人員詢問畫家的經歷及該畫作的價格。

對於消費者這種「也想擁有別人欲購買之商品」的有趣心理，某中古車銷售中心就運用的相當成功。她把寫有「洽談中」字樣的牌子，放在中心最急欲脫手的幾輛中古車上面，讓買主馬上就能注意到這幾輛車，並很快就達成交易。經我分析發現，「仔細分析顧客心理、刻意營

造中心買氣的手法」是其致勝的原因。

藉標語提高銷售量

店裡的文宣標語也是重要的促銷手法。亦即「以顧客為導向的動機營造」是很重要的。

某家超市自選定夏季星期六貼出「涼麵是您明天（禮拜天）的早餐」的標語後，其涼麵在星期六的銷售量就變成了平時的三倍。當然，季節（夏天）也是促使涼麵大賣的原因，但真正使銷售量遽增的原因，是業者洞悉了家庭主婦的購物習慣，再以動人的標語打動人心的結果。因為家庭主婦不會像公司的員工餐廳或醫院的餐廳那樣，一次買足一禮拜的菜量（偶爾的衝動不算），而是一邊買東西，一邊盤算著今天或明天要吃些什麼。

更高明的是，這家超市不但特價推出涼麵，更把平時只能在遠處賣場買到的「拌麵醬油」，一起排放在陳列架上，當然，它也是一種特價品。對購買涼麵的顧客來說，當他（她）看到這種平時買不到、同時又是特價品的醬油，自然也會想要購買。不但如此，我認為這家超市或許還能做得更好，那就是在食品區擺放一些藥味用的蔥、生薑等等。

「伺機而動」締造佳績

「把握時機」是商品促銷的另一個重點，其勝負關鍵在於，誰注意到這個時機及誰把握了這個時機。

以「父親節」來說，某百貨公司就相當重視這個節日。她在父親節前夕先分派中年的男性店員，去支援在領帶賣場服務的女店員，其目的是想藉男性店員的「身份」，招來為父親選購禮品的顧客。當然，海報上的文宣標語也相當聳動，有幾句是這麼寫的：

「領帶是父親節的最佳禮品。讓年紀和你父親相仿的店員，為你挑選適合父親配戴的款式」

「你知道父親常穿什麼顏色的西裝嗎？」

「這種價格應該符合您的預算吧？」

「這種款式會讓您的爸爸看起來更年輕！」

「色彩或許鮮豔了些，但想想款式不錯吧？」

「如果自己也能擁有這條領帶，該有多好！」

就這樣，百貨業者抓住這個節日，讓所有的中年男性店員，都在父親節當天站在最前線為前來購物的顧客服務。至於那些平時直接面對顧客的女店員則負責包裝及把東西交到顧客手上而已。事實上，這是經我建議而獲致成功的案例，這種為父親節所特別推出的禮物（領帶），竟也為百貨業者締造了比平時高出五倍的營收。

「烤雞外送」出擊成功

即將展開比薩外送服務的比薩連鎖店「Pizza California」，把二週分的節目表印在「外送到家的菜單背面」的作法，深獲大眾好評。過去我曾在一家位於東京京橋的烤雞店，負責烤雞外送的促銷服務。和大盤商或銷售公司的工作型態不同，這家店不過是街上的一家小店，但就是因為規模小，做得好不好馬上就會反映出店裡生意的好壞，所以我對這份頗具挑戰性的工作，相當感興趣，因此我從一位常客的身份，投身在店裡服務，藉以測試自己的行銷能力。

首先，我印製烤雞外送的傳單，分送給來店消費的客人，同時也把傳單投遞給附近的企業和住家。待接近中午的時候，店裡所有的服務人員都會在車站附近親手把傳單分送給這一帶的上班族，以下就是我提出的促銷構想。

- 將外送用的容器，設計成無須回收的製品。（省下回收作業的麻煩）
- 外送用的機車上，必須斗大地寫上「烤雞外送」和「電話號碼」等字樣。（把機車當作活動的廣告看板）
- 外送人員不要固定在一處逗留，應該經常到不同的加油站加油，以便把傳單發送出去。（即分頭進行〔give and take〕的戰術）
- 沒有外送服務時，也要經常騎車在街上逛逛，並儘可能放慢車速。此外，還要裝出很自然的樣子，把車停在街上的各個角落。（故意做出忙碌的模樣）
- 外送人員應該注意服裝的清潔。（給人衛生、清潔的印象）
- 向首次訂購的顧客，做有關「口味」和「外送時間（即從訂購到送達這段時間）」的問卷調查。（塑造專業形象，同時打打知名度）
- 外送一次，就隨單附上一張優待券。（爭取下次的訂單，並藉以鞏固客群）
- 對來店裡消費的客人介紹：「烤雞是可以外帶送人的特產」。

就這樣，經過上述的促銷策略後，這家小店的外送業績已占店裡營收的大半。

以記憶力取勝的啤酒屋

位於下町商店街某家我經常光臨的啤酒屋，是一間掛有古老暖簾自誇的老店，創始於日本明治二年。隨著時光的流逝，如今店東已是第四代傳人，年齡約莫70歲了。看著這位第四代傳人，總是紅著一張臉，急快地移動腳步，一副好不忙碌的模樣。事實上，店東做生意的手腕也相當高明。他完全熟悉飲客的心理，並把他們照顧得服服貼貼，無微不至。以下就來瞧瞧老板高明的地方。

●對於店裡所有寫在酒瓶（大約有一百個）上面的名字及每位客人的長相，年事已高的店東都記得清清楚楚。但酒瓶上所寫的不是那「玉液瓊漿」的酒名，而是店東以詼諧的心理，把對飲客喝酒時的印象都取上一個外號，並寫在酒瓶上面。例如：「麒麟啤酒先生」、「吃花生先生」及「住在巷尾的先生」等外號。更甚的是，頭腦清楚的他對於來店的客人，總能正確無誤地叫出他的外號和本名，並說聲歡迎光臨。

當暖簾拉起，店員引領客人就坐時，那個寫上自己外號的瓶子，馬上映入客人眼中；此情此景深深溫暖著來店客人的心。此外，店東還知道每位客人喝酒的習慣，絲毫不差地提供適時的服務。舉例來說，替客人溫酒時，店東記得所有客人的需要，同時可以適時提供熱水、冰塊、酸梅或蘇打等等。曾有一次，我帶朋友（A君）光臨這家店，後來過了兩天又約A君在店裡碰面。當時比A君早到的我，便坐下等待且一人獨飲時，此時眼尖的店東竟很快將已經來店的A君帶到我的座位旁邊，「蹦」的一聲就把A君的玻璃杯送了上來。服務如此的店，在常客的眼裡往往視作瑰寶。其箇中的原因為：

- 老客人不需要事先訂位。一旦為客人選定了位子，就不會隨意更動，這是店東一貫的禮貌表現。
- 營業時間，店東絕不多話，以免和特定的客人聊過了頭。
- 對客人所點的東西，總是正確無誤。
- 對所有來店的客人，都一視同仁地對待。店東不會因為客人消費的多寡（即使消費不超過一千日圓）、來店的次數，或是一群人來店裡分攤消費，而有不一樣的臉孔。這家啤酒屋在生意手腕高明的店東帶領下，總是5點半一過就高朋滿座，坐無虛席了。

以「招牌菜單」鞏固客群

位於東京赤坂的「莊屋」分店，在店長的帶領下，在商業區裡打響了名號。這位分店長甚至打算利用白天的時間，自己走到赤坂、虎門、新橋等地推銷。在商業區，店家們的紅燈籠大戰也相當激烈。大家比口味、價格、服務品質，甚至店裡的氣氛。但是到了夜晚，那種高掛燈籠以招徠顧客的手法卻已過時，因此，店長才會想在白天，疲於奔命地四處推銷。

接著進入主題。莊屋赤坂店是一家為預算有限的商務人士或團體所開闢的會場。會中除了備有「招牌菜單」（即：一道拼盤、生魚片等及蔬菜雜燴）外，酒類則包括啤酒和冰酒，接著再端出烤手卷配醃漬食品，最後則是一道豆腐湯，算起來招牌菜單的總價為四千六百四十九日圓，而這樣一家可以事先預約的店，對於預算有限，同時又急著找場地的個人或團體來說，是可盡情滿足口腹之欲的地方。

很巧的是，赤坂店的店長和我既同名又同姓，也叫做「三浦 進」，以是之故，我還真想與他會一會呢！

「主廚菜」背後的涵意

這也是啤酒屋的例子。您或許聽過日本餐廳或啤酒屋的服務人員說：「山」這個字。事實上，這是店員間相互傳遞的暗語，它暗喻著「客人所點的那道菜，就像淹過山頭那樣多，是不新鮮且端不上檯面的菜」的意思。

此外，相信您也常常看到店家貼出這樣的標語：「這是今天推薦的主廚菜」。這樣的標語一般多是用粉筆寫在黑板上，而它本身就是一種巧妙的促銷手法。試想，通常店裡原本就已清楚張貼菜單，而這種主廚推薦菜當然也包括在內。但為何店家要多此一舉，在黑板上寫出這些主廚菜呢？事實上，箇中的真意是：「如果今天賣不出去，那麼到了明天，這些菜也賣不出去了。」也就是說，「山（新鮮度）」這個暗語是表示「食物本身並不新鮮」。

由此推想，當店家聲稱「來店消費、打折服務」的時候，那麼極可能表示店家並非真的在價格上優惠，只是刻意把已經不新鮮的菜推銷出去而已。再者，那些「主廚推薦菜」一定不是什麼可以久放的菜（例如：炸魚肉和豆腐乳等等），而以生食類食物居多。相信看穿商人把戲的你，應該可以少吃點虧吧！

隨時為顧客設想的紅茶店

我認識一家位於涉谷的紅茶店，它是上班族經常碰面洽商的場所。某天，店門外貼了一張紙，上面寫著：「本店自╳日起，因員工研修歇業二天。」通常，為了加強員工的專業能力，業者都會為員工安排研修旅行，至於何時成行則往往視店裡的生意而定。由於和店長熟識，因此有機會向他請教：「歇業的時候，你都會在店門外張貼告示嗎？」店長回答：「是的。如果因為店裡休息，害得客人白跑一趟，這樣豈不失禮嗎？」接著店長又說：「許多客人都會約在店裡和別人碰頭。如果他們不知道店裡公休而跑了過來，豈不是讓他們傷透腦筋」。

原本就喜歡光臨這裡的我，聽到店長的一席話，更對他崇高的情操表示佩服，所以我也不計酬勞地免費獻上自己的拙見。

- 臨時歇業期間，還可以在店門口外掛上一個留言板，並且寫說：「各位客倌讓你們失望了，請多加利用本店為您準備的留言板。」
- 事先把電話切換成自動語音服務，同時告訴來電的顧客：「本店將自╳日起暫時歇業，請多加利用本店為您準備的留言板」。

初次聽到我的建議，店長還露出半信半疑的表情，可是當我說明箇中原委後，他馬上就了解我的用意，並運用在實際的工作中。雖然在臨時歇業期間設置一個留言板，不見得可以達到促銷的目的，但是站在顧客的立場，為顧客著想，卻是服務業極需培養的精神。我認為，這種服務精神對於客群的鞏固，尤其重要。當然，這些巧思也讓紅茶店的生意興隆如昔。

顧客服務從「心」開始

接著我們來談現今社會上，到處可見的自動販賣機。雖然自動販賣機相當普遍，但有些人對於裝設在藥局前面的保險套自動販賣機，可說是又愛又恨，愛的是自己真的需要它，恨的是不好意思去買。這種尷尬的心理，導因於商品（保險套）的特性（即購買者多半是晚上需要它）。因此，業者應該特別留意這類商品的特性，同時巧妙運用才是。至於辦法為：特意在夜晚留一盞微亮的燈光，藉以告訴需要購買的人此處設有自動販賣機。此外，如果同時兼賣有關「健康家庭計劃」的文宣品就更好了。

而與自動販賣機這個實例類似的情況，同樣也發生在如今幾乎看不到的「當舖業者」身上。過去，當舖業者往往是在巷弄深處開店，以方便客人進出。但如果店門是朝著大街，那麼店家一定會把出入口設在店門旁邊，以方便客人的進出不至於那麼明顯。

如今，某消費者金融業（可說是現代的當舖）也把這個點子，應用在為顧客設立的「無人契約區」的企劃上。這種手法，正是業者站在顧客的立場，所施展的一種心理策略。

寵物姓名辭典

寵物熱在今天造成空前的風潮。除了單身女性外，一般家庭也熱衷飼養寵物。前些日子，朋友的寵物店開幕，站在朋友的立場，我義不容辭地幫他作商品促銷。對於店裡原有的各種寵物飼養指南，我並不覺得驚奇，但令人最感驚喜的是，他竟然準備了我一直想要完成的「寵物姓名辭典」。

說是辭典，卻不若一般的辭典厚實，而是在A4紙張大小的傳單兩面，把主人對寵物的暱稱，以先後排名的方式彙整起來，大約介紹了一百個。這個「寵物姓名辭典」，是根據狗、貓、小鳥等對象來分類，一經推出就意外獲得好評。當客人買下寵物而欲離開時，店家就會免費送上這本辭典。對客人來說，連他自己都搞不清楚是來買寵物，還是來索取「寵物姓名辭典」的，可見「寵物姓名辭典」是如此令人期待。

有些客人甚至馬上學會了「現買現賣」，引用起「姓名辭典」中的例子。他們會說：「小乖，我們走吧！」或「琪琪，趕快跳上來」等在辭典中所看到的寵物暱名。此外，在我的建議下，透過《動物醫院指南》、《健康手冊》和《貓狗的禁忌》等小冊子的製作及《寵物仲介》等專書的發行，寵物店的營業情況令我的朋友相當滿意。

加油站的巧思

我曾經在加油站看到服務人員手拿一只旗幟，一邊引導車子進站加油，一邊引導加好油的車子出站上路。尤其是在引導車子出站時，服務人員更是賣力地揮動著旗幟。

事實上，旗幟的模樣像極了賽車時服務人員在目標終點揮動的黑白格旗幟，所以對於它的外型，駕駛人不但不會排斥，反而還看得很順眼。

我想每個到站加油的人應該都知道旗幟的功能吧！當加好油的車子要開動時，服務人員總會認真地揮動旗幟為車主引導，並大聲說句：「謝謝光臨！」。當車子靠得太近，服務人員會向車主點頭示意，並揮動旗幟，希望各位車主可以互相禮讓一下，讓別人可以順利把車子開出去。這動作對那些已放慢速度，同時也遵照指示讓出一條路的車主來說，或許顯得多餘，但對那些老是轉不出站的車主來說，這個動作就顯得十分重要。看著即將出站的車子，服務人員都會一面行禮，一面為他們指引正確的遵行方向，同時揮舞著旗幟說：「謝謝光臨，請踩油門」。

當然，旗幟上面標明該加油站是屬於哪一家石油公司或商社所有，這樣的促銷動作不禁令我佩服。若仔細觀察就能發現，這個例子確實有值得學習之處。

極富創意的米店

這是一個發生在我家附近的米店案例。米店的外觀相當普通，並無任何特別之處，但不知怎麼地，我的心總會被她吸引。這種情緒的牽動，彷彿是因店家配合季節變化，巧妙地裝飾店面的技巧而起。如今回想起來，米店和四季的感覺似乎搭不上關係，但業者的手法卻別有用心。

「米」是日本人的主食。初夏到秋收，這是日本稻米蓬勃生長的季節，也是日本稻米最受季節影響的時候。以下就來介紹這家米店是如何利用五種妙法，營造出四季的感覺。至於營造氣

氛用的舞臺，不過是那三坪不到的店門口。

● 春天的時候，把許多菜花插在大竹簍裡。

● 到了插秧的季節，把苗床像鋪草皮般，放在大水盤裡作裝飾。（甚至在大水盤旁邊，放一支用來翻土的鐵鍬）

● 到了盛夏時分，把二到三支捕蟲網和草帽放在竹簍裡，同時把依然青翠的稻穗插在數只水盤裡。

● 好不容易等到秋收農忙之際，店家就會在店門口前插上一枝仍然帶著果實的栗樹（若能作出枝椏垂吊的感覺更好），然後插上一根芒草，或把乾柿子掛起來。總之，所有的一切都是店家刻意營造的「文宣動作」。當店門口擺出這大型文宣品時，一股秋的氣息便襲上心頭。當然，這大型布置品旁邊，一定也會看到寫著：「新米上市」字樣的文宣海報。

● 到了歲末，新年年貨——鏡餅，也成為店家以比作小鳥的必備道具。或許不少客人就是因為看到店門口的那塊大鏡餅，才會決定購買可以用來祭祀和雜燴的鏡餅呢！可見店家是想藉著鏡餅發揮POP的效果。

個人商店把店面當作展示舞臺，巧妙地捕捉日本人因季節產生的思鄉愁緒，這種手法在日本國內可說絕無僅有。此外，米店還有另外一招我從未想過的招數，就是針對上個月顧客票選的米類，製作最佳品牌的「前五名排行榜」。

極具巧思的茶舖

這也是我家附近、商店街上的茶舖案例。這家店並不似前面所提的米店刻意地營造促銷氣氛。首先，店家不在店裡製茶，而是利用常設在店門口的機器來烘培。當機器開始運轉，附近立刻飄散著茶香，彷彿明白告訴別人附近有一間茶舖。就這樣，我們不難想像「找茶客」紛至沓來的景況。而製茶散發的香氣，頓時成為挑起顧客購買欲的催化劑，其促銷效果可謂滿分。

此外，茶舖所有的還不只這一招。到了新茶上市的季節，店家還會立刻推出「今年的新茶已經上市，店內備有氣味佳的新茶，等您來品茗」的文宣。而最令人稱道的是，店家還會播放應景歌曲，作為送客的音樂。

用心裝潢的和服店

在商店實例中，接著介紹和服店的例子。

我曾經在一家創業一百二十年的大型老字號和服店，負責顧客管理、開發客源、銷售和宣傳等工作。某天，老板希望我針對「營造店裡的氣氛」這個課題，提出企劃案。由於我不穿和服，所以對和服市場的了解所知甚少。但身為日本人的我，多少對和服會有些感覺和因它而起的鄉愁。

但究竟要如何營造和服店裡的氣氛呢？這讓我聯想起前面米店和茶舖的例子，認為和服店或許也可以利用季節的變化，引起他人的鄉愁。於是我刻意在店門口，擺一些能營造出季節感的「布置品」以為促銷。其方法如下：

- 首先在寬闊的店裡一隅，開闢能營造出季節感的一些插花展示區。
- 換掉原有的制服，改穿配合四季交迭的和服。至於夏天當然是穿日式薄衫，同時也準備紙扇這類的小道具。
- 多花點錢，把店裡的日光燈全部改成鹵素燈。所有的器具皆改為日式，並選用可簡單更換者，可能的話還要配合夏、冬兩季作器具的變換。此外，夏天時還可以在店門口掛上一只岐阜燈籠；冬季時，則可擺上一個可以帶來暖意的和紙器具。

● 將日本傳統音樂的樂聲（如：古箏、三味線和尺八的聲音）控制在適當的音量，並不斷播放。

當和服店立刻採取行動後，店內的氣氛就顯得氣象一新，而這種看時間、挑季節和有計劃的促銷手法，確實可以發揮集客的效果。而這種作法簡單，讓人不知不覺就被店家吸引的「樂聲集客法」的成功，也讓店主人笑顏逐開，好不快樂。

服務細心的眼鏡量販店

據我經驗，比起老字號商店和知名的百貨公司，眼鏡行不論在服務或顧客管理方面都略勝一籌，同時也做得相當徹底。僅管令人無法置信，但是老字號商店和百貨公司卻幾乎真的不開立保證書，當然也沒有產品保險。當產品發生不堪使用的情況，儘管多數店家都會作出因應，但消費者如果沒有店家開立的保證書，說什麼也不會放心的。

另一方面，眼鏡量販店的情況又是如何？一般眼鏡量販店都會開立保證期限一年及保險期限半年的保證書和保險書給顧客，以安撫顧客的心。且當保證書的期限即將到期，量販店就會寄發通知，告訴顧客保證期限就要到了，並說明：「若發生不合用的情況，請務必在保證期限內前來本店，我們會為您檢查。」如此細心的服務，連我都感到佩服。

由於眼鏡量販店係採連鎖方式經營，所以首都圈各處都有布點。所以，顧客不一定要到購買的那家店，只要順道去其他連鎖店，修理那副鏡架已經扭曲變形的眼鏡就行了。身穿白衣的店員總是耐心地為顧客修理，並免費替顧客磨光鏡片（即使沒帶保證書也沒關係）。最後店員還會對即將離去的顧客說：「如果損壞不嚴重，您也可到最近的連鎖店去修理。」看到店員熱忱的服務態度，我想顧客的心裡自然不會有怨言產生。

大型眼鏡連鎖店德拉古眼鏡公司（音譯名），就是這樣一家徹底實現「顧客至上」精神的業者。

麥當勞「伺機而動」的新作法

全球知名的麥當勞企業的創辦人隆納・麥當納爾茲，是一位相當了不起的「創意大王」，但日本麥當勞的新作法也毫不遜色。

舉例來說，日本麥當勞利用學生畢業旅行的機會，把店面提供出來，當作畢旅自由活動時間老師點名的場所，這項服務深獲眾人好評。由於畢旅是按行程來走，所以校方並不認可所謂的自由活動時間，因此，「如何事先約定雙方碰面的場所，讓老師可以在那兒點名」，著實讓學校傷透了腦筋。

腦筋動得快的麥當勞遂把握這個「商機」，鼓勵學校不妨利用大家都知道的麥當勞，把它當作「學生自由活動時的據點」和「緊急連絡用的場所」。在展開這項服務前，麥當勞公司還利用學校春季畢旅的旺季，於東京原宿的麥當勞進行了一項實驗。實驗發現，總計有二十五間學校、四千五百人次採用這項服務。於是，麥當勞公司遂滿懷信心地，向預計前往東京旅行的國、高中畢旅團體，極力促銷這種新做法。

麥當勞預計在東京都內的原宿、涉谷、淺草和上野等大約十家分店實施這項服務，同時也計劃在店裡增闢空間，讓領隊老師可以在這裡等待前來報到的學生。不但如此，麥當勞甚至免費出借大哥大，同時為因應各種緊急事故，也提供了完整的醫療院所簡介和可能需要的藥品，或許是緊急電話服務相當完備，因此，麥當勞總能為事先以電話預約的顧客，提供最完善的服務。

雖然有些突兀，但是寫著「畢旅協力店」的看板確能吸引眾人的目光。麥當勞一旦成為老師和學生的連絡場所，那麼漢堡的賣況一定見好，且飲料的賣況定不惡。隨著快樂的畢旅即將結束，踏上歸途的學子心中或許還會留下麥當勞的名字，並誓言下次一定會再來。

立頓紅茶的宣傳巧思

知名品牌「立頓紅茶」的創始人立頓（Tomas Lipton）也是一位點子大王。21歲開始自立的他，總是挖空心思來促銷商品。他曾經聘請漫畫家製作海報，並張貼在店門口，每星期更換。海報上畫的是一隻「小豬」，並佐以「小豬的爹娘去了立頓，可憐的小豬就成了孤兒」的文字。雖然我不明白畫家為何會如此構圖，但這樣的圖文卻可以博取大眾同情，後來立頓公司也真的把豬當作產品的代言人。其作法是在豬的腹部中央寫上一排字：「我現在要去立頓找我的爹娘」，同時也真的讓小豬在街上走來走去。以日本人的感覺來說，促銷紅茶實在和豬扯不上干係，但這種手法卻在英國受到特別熱烈的歡迎（或許因為民族性不同所致）。

當時英國人認為「胖」就是健康。於是，立頓便抓住人們對「胖」的感覺，藉以找出促銷的良策。這次他們又在店面的出（入）口，分別設置一面凹透鏡和凸透鏡，同時輔以文字：「只要您（顧客）來到這裡，照照鏡子就會看到自己消瘦的身影；只要走出去，照照鏡子就會看到自己肥胖的身影」的文字。

小豬也好，鏡子也罷，或是湯瑪斯・立頓的點子，它們都是八竿子打不著關係的東西。但就促銷手法來說，利用「道具」的目的不在於以商品特徵作直接訴求，而在於引起大眾心中的共鳴，這才是高明的地方。

外食產業的巧妙戰術

紅茶店和餐廳的服務生在為客人點餐之後，總會說一句：「您要點的東西是╳╳和╳╳」。對於這種再次確認的動作，您有什麼看法呢？當點餐完畢的客人聽見服務生重覆一遍自己所點的菜單時，總有一種「咦！這樣夠嗎？要再點些什麼呢？」的感覺。有時候，當被服務生問到：「飯後要冰淇淋、紅茶還是冰淇淋汽水」時，這種重覆確認客人餐點的動作，無形中就做到了最佳的促銷效果。雖然這種「一再確認的動作」已成為店家制式的要求，大家也習以為常，但其中的意義卻極為重大。

聰明的服務生總會把握時機，在離開客人座位的同時，對客人說：「社長先生，您要點的東西是╳╳和╳╳。今天謝謝您的光臨，我先行告退了。」」當看到服務生得體的態度時，來此用餐的老板很可能會要他等一下，並再多點一些菜。我相信，「把握時機，再次確認客人的需要」，或許還會創造出更多的商機，至於外食業者的這個案例，就是巧妙利用顧客心理的範例。

便利商店成功的傳單策略

我曾經為某家新開張的便利商店，作促銷工作。

由於雙月散發廣告傳單的作法並不顯眼，因此我想到一個表面看來有些浪費的促銷手法。在「為了引起別人注意」的前題下，我計劃在尚未開幕前，先利用不同時段，以夾報方式把三種沒有印上店名的傳單分送出去。另外，店家還利用可愛的小狗作該店的「代言人」，藉牠的口吻傳達訊息：「再過幾天本店就要開幕，到時候請多多照顧，大家別把我的海報給丟了喲！」不久，便利商店又以同樣的內容，只是換了傳單的顏色道：「過些日子本店就要開幕，……」。

最後，便利商店終於要開幕，但在開幕的前夕，店家仍以相同的設計風格，只是更新海報的內容說：「我(指小狗)的店終於要在明天開幕，實在讓您久等。這是一家『顧客至上』的便利商店。開幕期間，若您將本店過去散發的三種傳單一起帶來，就能獲得本店為您準備的精美禮品」。

過去三種傳單的裡頁全是白白的，但是告知消費大眾新店即將開幕消息的傳單裡頁，卻詳細記載了商品目錄，明顯是向消費大眾介紹這家將開幕的商店。

這種散發傳單的手法，讓便利商店獲致極大的成功。而海報上那隻可愛的小狗，後來也成為該店的幸運物。就這樣，經過便利商店的「逆向操作（即預告和引起他人注意等技巧）」，使得原本可能馬上被丟棄的海報，頓時成為消費大眾爭相蒐集的東西。

如此，「把握開幕時機」奮力一擊，同時做到「自我推銷效果」的實例並不多見，這也是我最感驕傲的成功實例之一。另外就成本面來說，由於傳單是採單色印刷，店家花費的成本並不算高，所以也是十分省錢的成功範例。

以代銷商品誘客成功的範例

據報載，某書店為了招來顧客，竟開始採取「完全代銷」的攻勢。當我看到這則消息，第一個注意到的是，書店賣的是書，這和她平行推展的代銷事業是風馬牛不相及的兩碼事。除了賣書，我建議書店若真的考慮藉其他生意招來顧客，應該想到「書」才是書店的本業，因此代銷的商品最好也能符合書店的特性。例如：闢建文具區、供應咖啡、代銷DPE、販售相簿暨底片及印製賀年卡、問候卡和名片等等，這些都是顧及書店特性所能考慮的代銷動作。

便利商店提供的「公共費用支付窗口服務」就是成功運用代銷手法的範例。該服務旨在代客繳交水電費、瓦斯費、電話費，甚至代銷送貨到家的DPE，其中某些業者甚至提供「搬家」服務。

當原本「生活用品等於便利商店」發展成「生活費用等於便利商店」及「生活便利等於便利商店」後，便利商店的屬性就和代銷服務完全一致，而這正是「公共費用支付窗口服務」成功的主要原因。

收錢、在請購單上蓋章及幫忙叫快遞等工作，對便利商店的服務人員來說並不輕鬆，就算多少能為便利商店賺點兒手續費，但明顯的是，店家看重的不是這些許的營收，而是希望透過「代客影印」、「代客傳真」等顧客服務，開發出更多的潛在顧客。基於這樣的出發點，代客服務就成為便利商店促銷時不可忽略的一環。

最近便利商店幾乎都是二十四小時營業，相信未來新增的服務項目，一定包羅萬象令人稱奇。日本的「洛松便利商店（音譯名）」和「7-11」甚至代售郵票、明信片。其代售的是日幣一圓、十圓、五十圓、八十圓和二百七十圓的郵票，另外也代售貼有郵票的信封和二百日圓的收入證明單。到了冬天，便利商店則推出受人歡迎的「Lift一日券」及結合了餐券、飲料券和滑雪場折扣券在內的「滑雪通用券」等等。

以全家便利商店推出的「滑雪暨雪橇通用的Lift券」來說，消費者可以在全國一百處滑雪場使用，且價格比一般便宜日幣一千圓左右。像這種使用方便、價格又便宜的商品，當然也是「洛松」和「7-11」的代銷對象。

出租電視機的巧妙手法

電視機出租店「蔦屋」，是利用獨創之促銷手法獲致成功的最佳範例。過去業者推出「二天一夜、收費一百日圓」的辦法，結果造成極大的虧損。如今，蔦屋改以二天一夜三百八十日圓的出租價格，為公司締造佳績。箇中的秘訣在那裡？探究原因，得知巧妙因應顧客需求正是蔦屋的成功之道。

一般租借新型電視的價錢是二天一夜三百八十日圓，舊型電視為八天七夜三百八十日圓。表面看來，感覺業者對舊型電視有打折優惠，但事實卻非如此。因為以性能較佳的新電視來說，租借者大可不必擔心因機器故障，而發生花錢修理的情況；至於性能較差的舊電視，租借者就可能要在八天的租期裡付出額外的費用來修理。

這樣一借一修之間，就能明白即使租金一樣、租期較長，但業者並沒有在舊電視上打折，這正是蔦屋高明的地方。當然，蔦屋的主要營收是來自顧客的「租金」，不但如此，當架上租期較長（八天）的舊品出借後，蔦屋會把新型錄影帶放在空出的位置上，如此不但具展示效果，同時也能提高營利。

建議租借人入會時最好參加「AV保險」（日幣二百圓）的作法，也是另有玄機。由於帶子出租後若有任何破損，應由顧客自行負擔賠償，因此，「AV保險」即在建議顧客可以花二百圓來消除這種不安（雖然不知道派不派得上用場，但顧客多少都有點兒害怕）。至於收取的保險費，當然也是蔦屋的另一項營收。

到電視機出租店麻煩的地方，在於歸還錄影帶的時候，因出租店通常不是二十四小時全天候營業。對此，蔦屋又發揮智慧，模仿夜間銀行的作法，設置了關店後仍繼續提供服務的「無人歸還窗口」。雖然錄影帶專用盒製作得相當牢固，但是對透過歸還窗口還帶子的顧客來說，加入「AV保險」的確讓人更放心。為了貫徹服務會員的決心，蔦屋同時製作了錄影帶的「title label」，巧妙地因應顧客的需求，使其促銷手法達到爐火純青的地步。

購物中心的開幕手法

小孩子是最佳的促銷對象。在此介紹一個以小孩為目標，同時發生在東京近郊一家購物中心的例子。

一般購物中心在新開幕之際，因為新奇，所以開幕後的一至二週內，總能吸引大批人潮。但問題是接下來的賣況如何，這才是決定購物中心能否在此地生根發展的關鍵。對此，這家位於東京近郊的新購物中心遂於開幕當天起的三天，雇用專業攝影師偷偷拍下來店小朋友的身影，以便為日後營造買氣做準備。由於使用的是望遠鏡頭，所以都能拍得清楚、拍得漂亮，據說拍成的照片約達三千張左右。

接著到了開幕第三週，購物中心看準來客人次將逐漸遞減，因此舉辦「小客人攝影展」，同時對外宣稱將把這些照片送給照片上的小朋友，以達到集客的目的。這種高明的作法，確實讓購物中心三週後的顧客集中率和開幕當天不相上下。我甚至發現有些父母親是在鄰居告知自己的小孩就是照片上的主角後，慌張地帶著孩子前往購物中心，因而造成照片展示區人滿為患的情況。當然，如此高明的策略不僅能藉前來索取照片的顧客達到集客的目的，同時也能讓他們滿心歡喜地打開荷包到此消費。

個性產品的魅力

米只能在米店買到的時代已過去。如今，超級市場和蔬果量販店都有賣米。

對主要販賣梅原米穀（產於東京中央區）的九家稻米供應商來說，儘管販售全國統一私人品牌（private brand，簡稱PB）的米，並合力促成蔬果量販店代銷的作法，仍無法和超市賣米的業績相比，但是在他們企圖以一種取名相當有趣的「808」PB米，藉以促銷明白標示出米的產地，且同以二公斤裝的「新潟縣產的KOSHIKARI（音譯名）」、「岩手縣產的一見鍾情」及「秋田縣產的珍寶」等三種促銷商品。

為了加強宣導，這三種促銷商品只能在蔬果量販店裡買得到的印象，都以相同的包裝亮相，同時現場亦加派服務人員，為顧客詳細解說這些米的特性及正確的煮食方法。

由於蔬果量販店原本不具有管理或賣米的相關知識，所以仍要聘請供應商的專家到場指導才行。

稻米促銷案，係透過日本全國大約二萬家經銷店所組成的「全國蔬果商業同業公會」進行，並期望和總數相當於經銷商一成（二千家）的店家，簽下代銷合約。

和魚販商不同，米、蔬菜、水果同樣是大地孕育的產物。就印象而言，透過蔬果量販店來賣米是不錯的想法。

在娛樂設施增設托兒所

在此介紹一個和商店、流通業界有些不同，是透過顧客服務、顧客管理而成功的促銷案例。

日本曾經發生一件「盛夏時分，酷愛小鋼珠遊戲的母親，獨自把幼子留在車裡，造成孩子脫水死亡」的悲慘案例。為了避免類似的悲劇再發生，Fitness Club和Esthetic Salon 等業者已著手增闢托兒所。

位於日本橫濱市本牧的Fitness Club和阿克拉本牧（音譯名），把托兒所併設在俱樂部裡。室內的室內滑臺、填充娃娃等各種遊樂設施和玩具一應俱全。而Fitness Club大老板匹普爾，也在千葉縣習志野市成立了附設托兒所的俱樂部一號店，深獲大眾好評。在聽取會員的心聲後，俱樂部甚至提供「付費代為照顧出生滿六個月大嬰兒」的服務，至於東京新宿的Esthetic Salon為了跟上時代的潮流，也在企業內增設受人歡迎的托兒所。

隨著核心家庭的趨勢與日俱盛，尋求托嬰的家庭也越來越少。對此，業者應該尋求消除職業婦女的壓力之道，並針對她們的需要來改善托兒所的服務方向。最近，柏青哥店也巧妙因應了顧客的需求，作了以下改變。

位於千葉縣市川市的柏青哥店「三次屋」，增設了暱稱為「Kiss Room」的托兒所，每天平均來店消費，同時也有托嬰需要的人數大約十人（有時甚至超過二十人），為了避免父母親沒法將玩過頭的孩子帶回去的情況，因此三次屋限定托嬰的時間不得超過三小時。

如今有關「地方增設托兒所設施的話題」已受到熱烈討論，而位於三重縣桑名市的電影院「Warner Michael Cinema」，也在每個月的第二個禮拜六，限時開放館內合併增設的托兒所。

先試貨，後付款的窗簾專賣店

選購窗簾的時候，或許大家都會碰到一個看似簡單卻又棘手的難題。那就是到了店裡，還弄不清狀況的時候，即草率地決定要買哪種款式或哪種花色的窗簾。

為了解決這方面的困擾，位於橫濱市的窗簾專賣店決定，將店裡陳列架上五千種款式的窗簾，免費借予已登錄的會員帶回家裡試裝一個星期（但最多只能借十種款式）。當顧客已購買卻又反悔的時候，也可在三十天之內歸還，這是業者因應顧客的生活型態，而與情報服務公司「Venture Link」共同展開的新型窗簾專賣店「Franchise Chain」的促銷手法。對於業者這種「先試貨，後付款」的服務，市場的反應相當不錯，同時也為第一號橫濱北港店創造了二億二千萬日圓以上的營收。

我認為，除了展示商品及標示商品的大小外，如果顧客也能在店裡透過電腦得知商品價格，那就更好了。對直接從製造商訂貨的顧客，業者也應提出更優惠的價格，讓他們可買到比市價便宜一至二成的商品。至於室內整體的擺飾也會影響顧客購物的心情，所以業者也要重視室內設計給人的視覺效果。

刻意營造商機的中古車商

日本中古車大盤商「花點」正著手和麥可集團共同架構特殊系統，全力展開已稍微改變的促銷策略。

首先「花點」是在超市和百貨公司安裝專用電腦，以利消費者透過電腦查詢中古車的訊息，還提供免費專用電話，讓消費者可直接和公司討論「要把車子運至家裡或電腦安裝店」，及

能否試開一下等事宜。消費者可透過「花點車輛生活舞臺」系統，選購欲購買的車種，同時輸入希望價格以利檢索。

該系統總共彙整了約三千五百筆庫存車的資料，透過螢幕，消費者可看到車子的外觀，這些資料也會逐日更新。此外，「花點」公司也計劃與大型超市、電視機出租店、汽車教練場、加油站、柏青哥店共同發展這個系統，同時期待所有大型百貨業者都會使用這個系統。如今，經「花點」談成的經銷店數目是以每個月一家的數量增加，至於每家經銷商的安裝費大約日幣三萬圓（一台計）。

加油站的各種新促銷手法

加油站業者（以下簡稱GS）會利用各種新促銷手法來吸引顧客。

現在的GS也是朝複合式、多角化之經營來發展，它從「顧客自行加油」的改變開始，進而展開其經營策略。

首先以外送比薩的「草莓甜筒（音譯名）」來說，供應比薩和各式點心的GS複合型商店計劃與她合併開店，藉以充分利用GS的離峰時間，以避免與外食店直接競爭，當然，GS也要求加油站全體員工，全力支援複合型商店的工作。以三菱石油的GS經營的比薩連鎖店來說，為了服務顧客，除提供外送服務外，還考慮到全家出遊的駕駛人全家的民生問題，所以備有各式野餐菜單，並在GS內部闢有飲食區。

此外，Zeneral石油系列（音譯名）之GS增設的迷你小舖「mio」也是食品暨飲料的主要販賣區。透過進口，Zeneral石油採購清涼飲品和點心，價錢要比一般超市便宜。今後，為了拓展mio的事業，未來Zeneral石油可能計劃開發個性商品及活用全國GS銷售網，以利名產和特產品的促銷。

至於Esso（埃索）石油目前也提供了便民措施，其新增的GS都已和便利商店合併，而日本石油業的大型特約店（千葉日石），也將與餐飲業者合作對周邊地區提供烤麵包的外送服務。

Cosmo石油以其GS系列為據點，展開其清潔事業，以有效扳回經營環境惡劣的GS多元化趨勢，並為轉業作最佳準備。其經營的清潔公司（White Stage）就是和GS合併，同時以GS轉型後遺留下的基地作為現址。

這種企業轉型例子還有出光興業。在洛松便利商店的提攜下，出光興業雖然曾在全國成立一體化的GS，卻無法有效集中顧客創造商機，因此雙方並未達成合作關係。後來出光興業轉而與山崎麵包合作，讓顧客可以利用服務人員加油的空檔買東西，然後和油費一起結帳。諸如此類的案例，確實能讓石油公司透過GS的複合式經營手法，增加顧客的集中率，同時提高石油的銷售量。

陷入與其他業種的苦戰

一九九六年六月起，便利商店和GS等新加入的業者，在「零售商品自由化」之下，都陷入了更艱難的經營苦戰中。

本書的宗旨雖然意在舉出成功的促銷實例，但藉由企業的苦戰實例，同樣也能獲得「他山之石，可以攻錯」的重大意義。

除了洛松便利商店、山崎太陽店、迷你商店和全家福便利商店外，同樣投身零售市場的GS業者，每天也無法達到現在一天的業績。連以大約三十家分店經營零售品販賣的伊丹產業，也因地點等問題，被迫降低營業目標的標準。據說家庭中心（Home Center）的大盤商肯優，也把原本十四家零售商店擴增為八十五家，並死守每年五億日圓營收的關卡。但其分店的業績已大不如前。分析新增企業的苦戰實況發現：「僅分食既有的大餅，也終將為市場淘汰」。亦即，過度競爭是造成業績下滑的原因。根據日本糧食廳統計，自一九九六年六月起登錄備案的小商店共有十七萬五千六百零九家，這是登錄前的一點八倍。另一方面，從總需要量來看，近年日本每年的平均總需要量都維持在九百八十五萬噸左右，根據現況判斷，要和其他對手相互爭奪有限的大餅，幾乎沒有勝算可言。

企業策略也好，店舖策略也好，或針對策略所作的市場調查也好，企業都必須審慎評估這塊大餅（市場）究竟有多大。

鎖定目標，全力進攻的小佩柯

向來被人暱稱為「小佩柯（音譯名）」的不二家，如今也展開企圖改變企業形象的策略。其鎖定的目標是18至30歲的女性，因為她們是不二家的主要顧客群。西點烘焙店的「不二家」，如今利用位於東京銀座分店重新開幕的機會，在全國的直營店增設飲食區，以迅速提高業績。這家以新型態問世的店舖稱作「不二屋西點暨咖啡館」，除了提供道地的香草茶和種類齊全的八種糕點外，香酥派、巧克力蛋糕和葡式蛋塔等，也是主要供應的手工製西點。

「不二屋西點暨咖啡館」內部的裝潢，非以小孩為對象，而是以大人為設計取向，藉以營造沉穩的室內設計風格。此外，店家還利用玻璃帷幕設計廚房，讓顧客可以透過乾淨明亮玻璃看到服務人員的工作情形，以提昇客人與店員之間的互動。

和其他的速食店、外食餐廳相比，一直位在都會地方的不二家店曾經因店面的特色不夠，而一度陷入經營危機。這次不二家努力改變企業形象，鎖定18至30歲女性為消費客群，並展開強力的經營策略。

下賭注的平價餐廳雅斯特

日本的大型外食餐廳「SKAIRAKU（音譯名）」，在全國的地方都市中心設有平價餐廳，是眾所周知的事。據她表示，今後也要在日本的北陸、甲信越、中部、中國和九州等地及少有分店設立的地區，增建向來以價格低廉為訴求的平價餐廳。

「雅斯特（音譯名）」分店開幕時，生意的確不錯，但位於首都圈的分店生意卻只引起一時的熱潮。究其原因可知，這是企業轉換了策略所致。在「以地方都市為分店增設之重點地區」的策略背後，暗喻著該分店將避免與當地的家庭式餐廳競爭，而且從地價稅、房租、第四台費用等店面經營成本看，以地方都市為增設的重點地區比較合乎成本。或許單價不高的「雅斯特」原本就該是地方餐廳，因此，不論是過去的「SKAIRAKU」，或高單價的雲雀花園餐廳（Skylark

Gardens）和以中高年齡層為消費對象的雲雀夜間餐館（Skylark Gril），其所採用的策略似乎都以都市為優先增建的地區。

如今「SKAIRAKU」的分店約有四百家，雲雀餐廳大約二百家，雲雀花園餐廳大約一百家，雲雀夜間餐廳大約五十家。據實況顯示，如今平價餐廳的營收占整個企業的過半，因此，未來該企業或許還會訂定「新開幕的分店必須建在地方都市」的方針也說不定。

利用閒暇爭取勝利的外食產業

如今許多外食產業莫不利用空暇時間，積極爭取客源，這是企業針對現代消費者的用餐時間不固定，所擬定的巧妙策略。

首先以經營家庭餐廳的「喬納斯（音譯名）」為例，自星期六及公休日的上午六點到十點，除了供應原本就有的吐司和三明治外，甚至全面供應義大利麵、比薩以及各種蔬菜做成的沙拉等等。在相同的比較基礎下，以上午六點至十點這個時段的營收來說，平常日子占五、六個百分比、星期六占五點九個百分比、星期天則占七點一個百分比，其比例非常高。這結果似乎意味「喬納斯」的經營戰術已在週休二日的家庭成員層上發揮作用。

以牛丼料理知名的吉野家，也將餐點的供應時間提前一個小時，也就是從早上五點開始供應早餐，至於納豆定食、烤魚定食似乎都是吉野家針對上班族的需要，所設計的菜單。

另一方面，為了招來錯過午、晚餐用餐時段的客人，「東天紅」中國餐館宣稱於下午一點至三點來店用餐的客人，可享有一千日圓的優待（即：花費五千日圓可享用一頓六千日圓的迷你客餐）。這種作法深獲白天用餐時間不定的主婦、自由業人士的讚許。

腦筋動得快的日本麥當勞企業也不落人後地跟進。麥當勞在用餐客人減少的下午，對熱蘋果派和小點心等餐點打折，以吸引家庭主婦和返家途中的女學生們。從今而後，外食企業利用閒暇時間，提高業績的戰術，應該是層出不窮、目不暇給吧！

夜間交戰的超市

大型超市延長營業時間，以爭取更多商機的作法，是和緩實施「大規模小店鋪賣法」（簡稱大店法）的基準而來。如今除大葉外，ITOYOKADO（音譯名）等業者也展開延長營業時間的作法。自和緩實施大店法後，營業時間每年限制六十天的大型店面紛紛將平時的關門時間縮短為一小時。到了夏季、天清氣爽時，那些外出納涼的客群，就成了延長開店時間業者鎖定的對象。

首先，位在車站前或住宅區的大葉超市，就將營業時間延長到晚上十點，這種作法讓前來消費的客群數增加為過去的五倍。而唯恐遲來的客人買不到東西，大葉超市遂以「夜市」的形態，備有豐富的物品任君選擇，這種作法十分高明。

同樣地，ITOYOKADO也將營業時間延長到晚上十點，而其增加的客群數是以往的三倍。ITOYOKADO尤其注重食物的新鮮，即使快要打烊，顧客仍然可以買到新鮮的蔬果和魚貝類，因堅持「架上的食物都很新鮮」是其積極努力的目標。此外，像西友、NICHI、IZUMIYA、JASCO（皆為音譯名）等超市業者也同樣模仿大葉超市的作法，採取延長營業時間的策略。

一般人多半覺得食品或衣物才是超市販售的主力商品，可是自延長營業時間的對策產生效果後，超市的家電品銷售額卻有提高之勢，這或許是顧客全家出動的結果所帶來的業績。我相信超市業者是不會錯過夏天怡人的夜晚，而這種夜間戰況也會因為「營業時間的延長」而變得更加激烈。

受人歡迎的附屬設施

在高級服裝店闢建咖啡紅茶店的作法，受到年輕人的喜愛。如此貼心的設計，讓顧客可以一邊選購自己喜愛的衣服，一邊在紅茶店裡稍作休息，喝杯咖啡優閒地逛逛。

日本東京淺草區的摩登大樓「淺草ROX3」一樓，有一家名叫「Cafe Comsa（音譯名）」的咖啡紅茶店。每到假日，到處可見全家大小或年輕小情侶到這裡用餐、聊天。「Cafe Comsa」是名古屋、千葉和柏等店舖合併而成的咖啡紅茶店，其幕後大老板是衣服製造商「Five Fox」；而深獲好評的「Cafe Comsa」就是Five Fox分布在日本全國的專賣店之一，她位在一家名為「Izmu Comsa de Mode」的店裡。

「Cafe Comsa」的室內寬敞，到此消費的顧客可以一邊悠閒地逛逛，一邊選購中意的商品。此外，業者還為購物顧客開闢了一個休憩空間，如此貼心的服務深獲大眾好評。

此外，「Papas Cafe（音譯名）」最近也將咖啡紅茶店和紳士暨仕女服裝店，作複合式經營。這家位於東京世田谷之玉川高島屋四樓的店面，在高島屋新宿店亦設有分店。

除此之外，連講究個人品味的服飾專賣店，都考慮和咖啡紅茶店合併經營。這種在服裝店裡闢建咖啡紅茶店的想法，除了可以兼顧服務和營造氣氛外，同時還能利用客人等待店員修改衣物的時間，創造其他商機。從今而後，店舖的經營策略或許更傾向於複合式經營呢！

多托爾咖啡的致勝武器

「採自助式服務、讓客人可以倚坐著等候朋友或者閒聊、店裡播放著流行音樂，並且推出價格合理、一杯只須日幣一百八十的咖啡……」，這一切的描述，正是如今佳評如潮的「多托爾咖啡（音譯名）」的寫照。以一九九六年來說，多托爾咖啡的營收為二百七十二億日圓，這個數字和一九九五年相比，成長了零點一七倍。再以經常利益二十七億日圓來看，一九九六年的營收竟然增加了48％。而且三年來，多托爾咖啡的收入增加了62％，獲利率為113％。探究多托爾獲利的祕密發現，致勝之道主要因為快速成長所致。

往年的一整年，多托爾咖啡總共增加二十家，但九六年就增加了六十四家，而整個年度算下來，多托爾咖啡竟以淒厲之勢，快速增加了一百零二家。如此飛躍成長的背後，正是既存之連鎖店（簡稱FC〔franchise chain〕店）企圖擴增經營的結果。時至一九九七年，多托爾咖啡共有一百零二家連鎖店，未來則鎖定三千家。分析該企業之增收增益的內容發現，其所採取的經營對策值得效法、學習。以最近的二至三年來看，「增益提高」是多托爾咖啡締造佳績的主要原因。以咖啡豆的成本來說，多托爾咖啡利用預先訂貨，降低咖啡豆三成的成本。更甚的是，多托爾咖啡除了保有「不留咖啡的澀味或酸味」的優點，更投入心力研製各種不同的咖啡豆，並且努力研究不同的沖泡方式、（由於關係到企業機密，所以無法詳細說明）。

然而，再輝煌的企業也有她的難題。或許對多托爾咖啡來說，自美登陸、一杯賣二百五十圓的「Starbuck咖啡」，雖然目前還沒有造成威脅，但是「Starbuck咖啡」依然是不容小覷的競爭對手，這一點容後再述。

另一方面，和義大利麵專賣店「橄欖樹」合作，也是支持多托爾業績蒸蒸日上的重要支柱。在白天，「橄欖樹」是一家義大利麵專賣店，到了夜晚，卻搖身變成義大利餐廳，供人在此飲酒、吃點心。目前已有三十分店的多托爾咖啡，自一九九七年起開始採取連鎖式經營，未來還要朝一千家連鎖店邁進，其意氣風發之勢，可見一斑。此外，位於本丸的多托爾咖啡也因考慮遠渡重洋展開跨國經營，而受到矚目。如今，其增設的範圍擴大到韓國、臺灣，甚至俄羅斯的想法，似乎正在蘊釀中。

東京．銀座的咖啡戰爭

供應低價位咖啡的多托爾咖啡，如今已然成為日本廉價咖啡館的代名詞。但是，自外資湧入後，價格上的競爭遂成為一場商戰的導火線。

位於美國西雅圖市的「Starbuck咖啡」，係美國的大型咖啡連鎖店，她在東京的銀座開了第一號分店。Starbuck是在北美擁有約有八百家分店的自助式大型咖啡連鎖企業，在日本，「Starbuck咖啡」則以一杯日幣二百五十~三百五十的價格，推出十五種咖啡供顧客選擇。雖然「Starbuck咖啡」的價格要多托爾咖啡略高，但是用心設計的室內裝潢及多樣化的選擇，都是「Starbuck咖啡」鞏固客源的高明戰術，實不容忽視。據說從銀座第一號分店開始，「Starbuck咖啡」同時計劃二十年內，至少要在日本首都圈成立二十家分店。

對此，多托爾咖啡也不甘示弱的，搶先在「Starbuck咖啡」開幕前，由位於銀座的分店全力展開促銷活動，並且發行一杯咖啡只要日幣一百圓的折價券（平時一杯咖啡要日幣一百八十圓）。這種搶得先機的作法，因發揮了極大的「集客效果」而蔚成話題。

此外，由普隆特股份有限公司（位於東京中央區）經營的「普隆特咖啡」也以相同的方法來因應，推出一杯咖啡只要日幣一百二十圓的回數券（平時一杯咖啡要日幣一百六十圓）。美國「Starbuck咖啡」的登陸，已經在廉價咖啡業界造成更加激烈的商業戰爭。不論是外資企業，抑或迎敵作戰的日本企業，都是把銀座當成決戰場，相信這場咖啡戰爭將無可避免。

提供廉價咖啡的銀座

接下來繼續咖啡這個話題。事實上，位於銀座的大型咖啡連鎖店「魯諾雅爾咖啡（音譯名）」，在多托爾咖啡等多家企業紛紛考慮「進軍海外，堅守國內」後，也是備覺辛苦。即便做到了咖啡館業者的基本要求（如：寬闊的樓層、大張的紙巾和舒適的座椅等等），但要在價格上妥協，卻非所有業者都能辦到的事。

為了解決這個頭痛問題，魯諾雅爾咖啡研擬出「送整壺咖啡到辦公室的服務」。當然這個對策的前題是咖啡必須廉價。當我詢問店家一杯咖啡多少錢時，我著時嚇了一大跳，竟然有一杯日幣五十圓這麼便宜的咖啡。

魯諾雅爾將顧客群鎖定在對面的丸內、大手町、日本橋和八重洲等地的商業區。一只咖啡壺約可容納十五杯咖啡，外送人員會在上午7點、8點、9點、10點、12點，每天五次進行外送服務。一杯便宜的令人稱奇的咖啡價格，是根據一壺七百五十圓，每壺共十五杯咖啡的量，所計算出來的結果。

「魯諾雅爾咖啡」提供這樣的服務，為的是要確保自營的焙製工廠。據她表示，「送整壺咖啡到辦公室的服務」的發想原點是來自：「如果利用自己工廠生產的咖啡豆為材料，或許能把一杯咖啡的價格壓得更低？」

對這項外送服務，「魯諾雅爾咖啡」不但以專車運送，同時還規定限時送達，以提高外送人員的效率。未來，「魯諾雅爾咖啡」期望一天外送五十壺，同時期待東京據點能大獲全勝，若果真如此，其觸角或許還會深入地方都市。

我本身就經常到「魯諾雅爾咖啡」走動走動，對店家為店裡久坐的客人所準備的日本茶，我覺得是一項「頗有味道」的親切服務，「客人久久不離去」對店家來說可能造成某種程度的損失，但事實上，如此貼心的服務在引起客人好感的同時，也提高了客人再次來訪的機率。

精心沖泡冰咖啡的紅茶店

冰咖啡是咖啡館的夏季盛品。為了提高夏天的集客率，許多咖啡專賣店都紛紛推出新品，以招來更多顧客。位於東京銀座的Starbuck把Espresso和奶油摻混在冰裡，所推出的夏季飲品就頗受人們歡迎。

而位於東京中央的「普隆特咖啡」，夏季全力促銷的果醬冰法式咖啡和果醬冰咖啡飲品，為的是在夏季商戰中互較長短。此外，位於東京板橋的「夏諾爾咖啡」則是一家正格的廉價咖啡館，其新推出的冰拿鐵（係利用發泡的牛奶沖泡而成，售價一百九十圓），既便宜味道又好，是頗受女性歡迎的飲品。

這種配合季節推出新品的手法，在過去的咖啡館界確實少見。從今而後，提高集客率，同時提高業績的對策，或許將成為企業的基本策略呢！

異業結合的成功範例

美國的大型食品公司「多爾食品公司」（位於美國洛杉磯）自登陸日本後，遂趁勢推出水果咖啡這種新品。一開始，水果咖啡的推展是由日本法人機構「多爾」進行銷售，這種利用多爾品牌的食材所推出的新式水果咖啡，對凡事以健康導向的日本消費者來說，似乎頗具魅力。多爾原是一家出口公司，舉凡香蕉、鳳梨、萵苣、芹菜等蔬果，都是多爾對外輸出的項目。然而，自外食產業正式納入企業體後，多爾就把目標鎖定在日本，並在東京涉谷成立了第一家日本分店。在多爾水果咖啡的選擇上，主要供應的幾乎都是利用當季水果做成的飲品和食物，如水果果汁、水果沙拉、肉桂三明治及用芒果、番茄做成的比薩等食品。此外還備有午餐和晚餐，任君選擇，估計每位客人平均的消費單價為日幣一千五百～二千圓。

分店的店面統一設計成南歐別墅的風格。今後，多爾還計劃鎖定年輕人，以年輕人為主要消費群，投其所好地增設喝茶、聊天的分店。對那些全家出遊的顧客群，多爾則計劃在郊外布點。像多爾蔬果商這種與外食產業結合的例子，對於只採「連鎖式」經營的國家來說，不易接受外，同時推展上恐怕也會遭遇阻力。

全館都能使用PHS的高島屋新宿店

接著來談談百貨公司的各種實例。在大哥大市場中，通話費便宜、攜帶容易的大哥大和簡易型大哥大（簡稱PHS），受到年輕人的熱烈歡迎。儘管PHS的通話品質，有時受到通話距離和場所的影響造成無法接通的情況，但不論是年輕人或上班族，PHS已使用得相當普遍。

往街上看，幾乎可見每個年輕人都人手一機，簡直到了「人機結合」的地步。

讓我感到最能貼切形容「人機結合」的地方，就是位於東京的高島屋新宿店。因為那裏的每個角落，都能夠使用PHS與他人連絡，地下室、店內甚至屋頂，到處設有PHS的基地臺。舉一位在「圖書區」閒逛的先生來說，當他接到老婆用店裡的公用電話打來的電話，希望老公可以到另外一個樓層去看一件夾克時，這位先生為了不要讓在玩具區玩的孩子跑太遠，所以就把大哥大交給孩子，並對孩子說：「小明，你待在這裡喲！爸爸去找媽媽很快就回來，你不要亂跑喲！」說畢，這位爸爸才放心地離開。就這樣，讓顧客方便使用大哥大，是企業應該為顧客設想到的服務。

此外，不只對顧客，大哥大也是方便公司同仁相互連絡的工具，應該妥善活用才是。

百貨公司的禮品大戰

與其說這是店鋪策略，不如說它是顧客管理的例子。

過去每到中秋佳節或歲暮時分，百貨公司贈送的提貨單，都要由顧客自己填寫寄達地址、收件人姓名及住址才行。時至今日，由於百貨公司送出去的提貨單數量龐大，所以，今天的提貨單上面早就印好了寄達地址、收件人姓名及住址等資料，而且每到送禮旺季，百貨公司還會把提貨單夾在其他禮品商品目錄裡一起發送，收到提貨單的顧客只消記住商品名稱就行了（這個動作也可以請禮品區的店員代勞），一點兒也不費事。事實上，這個系統本身結合了許多精密的智慧，是學習促銷的最佳題材。在此以高島屋的例子來說明。

首先，當你一看到高島屋散發的提貨單時，馬上就能知道自己在去年這個時候，送給顧客多少錢的什麼商品。也就是說，高島屋的提貨單讓人清楚知道，自己過去有沒有錯把中秋禮品當作是新年賀禮，如果有，這張提貨單就是決定此次購買之禮品價位的最佳參考。除此之外，提貨單上還預留了「這次不購買」、「住址變更」以及「已經除名」等空白欄位，讓顧客自行註記。

此外，每到送禮旺季，百貨公司還準備了「事先印有收領人的住址、姓名，但卻把寄達地址這一欄空下來」的紙張（一張七件分）供顧客使用；這樣的手法可說是促銷的內聖外王之道。

只要填寫好提貨單，並且寄回公司（回郵信封當然是由顧客自己準備），公司就會告訴顧客貨品的總價多少。至於金額的繳交方式，只要顧客哪天順路到禮品區付清即可。而為了促使顧客再度光臨，禮品區甚至推出「點數一等者可以獲得日幣十萬圓的旅行折價券，四等者則有機會抽中高島屋玫瑰卡」的用點數換大獎的辦法，以吸引顧客。

締造百貨業者上億業績的共通禮券

在我從事促銷工作的漫長生涯中，總是對世間懷抱不少疑問。我在本書的刊頭也曾經提過，「企劃」本身就是從疑問（？）開始。

其中，百貨公司的禮券就挑起了我心中的疑問。只能在發行該種禮券的那家百貨公司使用，這樣的規定對消費者來說十分不便。儘管業者的說法是，自己發行的禮券沒有道理可以讓顧客在別家使用，但如果考慮到消費者或者整個市場，就能夠察覺這完全是日本人的「島根性經營」的心理在作祟。有鑑於此，我在二年前就敦促日本百貨協會發行共通禮券，如今這個手法也已獲得超乎想像的大效果。

過去，共通禮券的銷售額累計為二千二百一十億日圓，而包含自己公司發行的禮券在內，一年間的總銷售額達到五千億日圓。但因共通禮券的發行，使得銷售額增加了一千億日圓，更將百貨公司的禮券市場擴大了23%。由於使用方便，所以這種能在全國任何一家百貨公司使用的共通禮券，每到中秋佳節、新年或迎神慶典時，都受到相當的歡迎。對送禮者來說，他們不必擔心受禮者的住家附近沒有發行該禮券的百貨公司，而有無法使用的情況發生。就這樣，「禮券也是促使顧客上門的一項利器」，如果百貨業者也能體會其中的要義於萬一，那麼也實堪欣慰了。

百貨業者的信用卡大戰

各家百貨公司推出的信用卡，如今正展開花樣百出的商業大戰。

以三越百貨來說，當她把信用卡折扣率由過去的3%提高為5%，新增入會的持卡人高達六十五萬人次；這個數字是前期提高營收之信用卡申請率的二倍強。又以高島屋來說，自從實施了「提撥信用卡購買金的七成，直接回饋顧客」的服務後，半年之間高島屋便吸收了大約五十萬名購買者。在與各信用卡授權公司的合作下，百貨業者推出的「信用卡免年費辦法」也極具魅力。如今，申請人數最多的信用卡要屬擁有二百二十萬卡友的賽隆卡（音譯名）了。

但持卡會員增加，並不表示整個業績就會提高（業績的百分比總是分母比分子大）。每逢佳節慶典，各百貨業者企圖以回饋顧客的手法（即所謂的打折），來提高業績，其結果往往「事與願違」，因消費者的動向並不確定。即百貨公司的持卡會員增加，充其量表示今天消費者暫時是選擇比較便宜的，卻不能擔保若出現更便宜的信用卡還會繼續使用。

此外，一位卡友多有數張信用卡，也說明持卡會員增加業績卻不見得提高的另一個因素。拿三越百貨來說，雖然在顧客申請持卡時發行「試用卡」，並推出折扣方案，但據說，只拿「試用卡」到三越買過一次，後來並沒有變成「真卡」的卡友竟然占了一成。至於伊勢丹百貨為了促銷信用卡，也實施刷卡購物一律九五折及刷卡超過二十萬日圓一律打九三折的辦法；至於刷卡超過一百萬日圓則可享九折優待。

儘管有各種折扣方案，但前往同一家百貨公司購物的人卻不多，因折扣再低，也吸引不了為了圖個方便，而到距離自己比較近的百貨公司購物的人。東武百貨表示：「在信用卡的激烈競爭中，如果一味地降價，無疑是自毀前程」；伊勢丹也指出：「在消費動向不明確的今天，打折並不能紓解困境，如何把消費者使用信用卡的心態，應用在市場策略上，或許才是企業必須思考的問題」。

她們的這一席話，似乎已經道出信用卡商戰的關鍵。

以企劃力見長的「選擇型禮品」

每到中秋佳節或歲末時分，送禮和收禮的動作就一再地上演，但是送禮的一方真能做到「投其所好」嗎?事實上，兩者間的想法多少有些差距。

據問卷調查顯示，送禮者最喜歡送的禮品是「當地出產的生鮮食品」，但收禮者最喜歡收到的卻是禮券。於是，「選擇型禮品」就是為了消弭兩者不同的喜好，所推出的企劃新點子。這種讓受禮的一方可以選擇自己所要的「選擇型禮品」，已讓各百貨公司獲致重大成果。

三越百貨自八年前就實施了這項服務。據說最近因「選擇型禮品」而創下的業績，要比前年同期增加70％。伊勢丹也以愛吃美食的消費者為導向，展開深獲好評的「派對線（part line）」服務，連「各種美味之便」的服務，也因為買主可以直接從產地購買，早已深獲大眾回響。

「選擇型禮品」之所以受人喜愛，除了商品的項目豐富，受禮的一方可以事先獲得素材及料理法的相關知識，也是受歡迎的原因之一。在此介紹其中的一部分。

高島屋推出的日幣一萬圓套餐，從海鮮類到糕餅等共推出二十二道菜。而SOGO推出的日幣七千圓套餐則準備了十七道菜色；其中除了札幌大飯店的點心外，青森的蘋果、和歌山的柑橘也是套餐中的佳餚。

此外，超級市場也展開了「選擇性禮品」這項服務。為了和商品多樣的百貨公司一較高下，超市業者往往會讓講究味道的專業級買主在出產地直接訂購，並推出價格比百貨公司便宜許多的廉價商品（以產地現場價格計算）。此外，長崎屋打出的「新・選・便」及麥可超市打響的「方便的購物樂趣」等廣告詞，也獲得不錯的評價。過去，「送禮」給人的印象不外乎是「多禮的」或「例行公事似的」，如今業者在消費者追求美食的導引下，而在利潤及消費者的需求上，作了巧妙地掌握，我想這就是「選擇性禮品」企劃成功的原因所在。

以化粧品專櫃區取勝的西武百貨

西武百貨向「建立新賣場」挑戰的動作，受到人們矚目。

為了達成目標，西武百貨針對貨色是否齊全、商品之陳列方式及店員的待客之道（即服務方面）重新評估。其中，「顧客是否容易選擇商品」和「是否能在短時間內成交」，是評估的兩個關鍵點。

西武百貨的東京池袋店，每到下午，受人歡迎的化粧品專櫃區總會湧入許多女性顧客，因她們可在這裡自由選購櫃子上的一百零三項名牌化粧品和種類多達二千二百的商品。過去，不管哪一家百貨公司都是依化粧品的品牌，來規劃專櫃設立的位置。儘管各專櫃服務人員都會為顧客解說應該如何化粧，但這樣的空間規劃對顧客來說卻顯得相當不方便，因為選一件商品可能要花好久的時間，加上位置的分割也讓顧客無法在各品牌之間作比較。

有鑑於此，西武百貨闢建的化粧品專櫃區遂將這種空間規劃模式完全打破，並不以品牌來區分，建立讓顧客可以自由選購適用商品的系統。

以化粧品賣場的成功為借鏡，西武百貨今後還要建立一個「自由選購、快速購買」的賣場，並將此手法擴及到手提袋賣場、女鞋賣場和婦女服飾等賣場的規劃上。

「不只追求高業績，也要思考如何增加來店的客群量」，這是西武百貨的經營方針。西武的這項策略，或許是被人形容為「位在轉角的百貨業者」，值得深思的問題。

西武百貨成功的VIP系統

這是西武百貨之店舖策略的又一例。

從古至今，百貨業者對於那些習慣在店裡購物，且都購買高檔商品的顧客，總是特別禮遇。在信用卡尚未問世的年代，那種受到特別禮遇的顧客只要簽個名就可以買東西，而且還有專人為他服務，畢竟這些顧客是提高百貨公司業績的臺柱。

位於涉谷的西武百貨也展開了類似的服務系統，對全年消費超過日幣一百萬圓的顧客，西武會在第二年將該顧客列入「VIP」系統，並分派專業的諮詢服務人員（sales associate），專為這些老主顧提供各項服務。

例如，當VIP客人要試衣時，不必和一般顧客去等試衣間，而是到西武為他們特別設立的寬敞空間Fitting Room去試衣，讓他們可以氣定神閒地選購商品。此時，諮詢服務人員會時時隨侍在旁，並據親身經驗向顧客提出建議。

此外，VIP顧客還能享用像飯店蜜月套房一樣的專用美容護膚坊，並享有咖啡等飲料的招待，讓人感覺親切。據稱，西武百貨涉谷店早在九七年就計畫一年內誕生大約二千名VIP顧客，並期待其他分店也能早日建立這種服務系統。

以下班後的Office Lady為客群的百貨公司

近日，百貨業者以下班的職業婦女為對象，所展開的促銷手法受到相當的重視。以三越百貨銀座店來說，她將開店和關店時間縮短在三十分鐘內，並從上午十點半開始，一直營業到下午七點半。在六點到七點半這段時間裡，三越在寶石專櫃實施了「免費提供寶石類諮詢服務」，並於星期三、六，在運動用品專賣區舉辦「女性高爾夫重點練習講座」。

三越的阪急梅田店也將平日的關門時間延長至下午七點半，並針對上班女性開闢許多講座。就這樣，業者不但拉長了營業時間，同時鎖定下班的職業婦女為最大的消費群。此外，三越還計劃在連續假期的下午六點到七點這段時間，於婦女服飾賣場以「搖曳生姿」、「上班服裝的搭配訣竅」等為題，開闢各種講座以招來更多顧客。

除了延長營業時間外，三越的大丸梅田店還推出日幣一千圓的套票（即展覽會的入場券和餐飲券）；這種稱作「藝術和美食的結合」的套票價格也不過日幣一千九百圓。此外，為了服務上班的女性，百貨業者甚至提供了「隨叫隨到的熱線服務」，讓來電告知希望在何時拿到所訂商品的客人，都能在希望的時間內拿到東西。至於三越的松屋銀座本店亦重新設置了Fragrance Center，並導入以上班女性為消費對象的六種知名品牌服飾，此外，位於東京涉谷的三越則是在化粧品賣場導入「自已專用的品牌」，讓顧客可以自由地購物。

諸如「以上班女性為對象！」、「吸引下班的職業婦女女性！」這類的戰術，未來或許更加多樣化也說不定。

聚眾人之力成就美事

過去各百貨公司發行的購物卡，都是打所謂的折扣戰。但最近為了吸引人潮，業者甚至提出「累積點數」增加附加價值的作法，以持續提高顧客的購買力。這項服務系統是除了打折外，還依照顧客的購物金額累積點數，並讓顧客能依點數交換購物券等物品。

當高島屋的東京新宿分店實施「欲將7%營收回饋到顧客身上，入會費和年費一律全免」的辦法後，結果超乎預期所想，新增的卡友竟達到六十萬人。高島屋希望擁有一百萬名卡友的野心，也讓同業感受威脅。而位於橫濱的京急百貨也做出回饋顧客的動作，她將3%的衣服列為點數商品，甚至對那些利潤不高的食品類，也提供1%作為點數商品。再以西武百貨來說，西武雄心滿滿地透過點數制的實施，藉以分析顧客的屬性；據說西武意外地發現，年消費額超過日幣一百萬的顧客竟以20歲至30歲前半的工作女性居多。這種分析結果對今後透過DM等手法吸收老顧客的目標，具有極大的參考價值，真可謂「一石兩鳥」之計。

在點數制的會計系統中，要屬京王百貨的系統最為獨特。該系統被設計成即使沒有購物，只要來店裡刷卡，就可以獲得五個點數（相當於日幣五圓）。這個手法也許可以稱之為「來店要點」，其構想實在玄奇。當然，像這樣「只來店不消費」的顧客一天只能刷一次卡，而且沒有顧客會千里迢迢地花車錢到此換取五個點數，但站在商業的立場，這種有些冒險的手法，或許可另造商機呢！。

老百貨公司的促銷戰術

「越後屋和服店」是三越百貨的前身，其創始人三井高利是個充滿創意的人。他在店裡經常備有寫上「越後屋」這個幾個大字的傘，讓那些突然遭逢驟雨的客人使用。乍看之下，三井是在做顧客服務，但仔細推敲就會發現，其中蘊含極大的宣傳手法。當借傘的客人拿著傘在雨中走著，無形中「越後屋」就在其他行人的心裡留下了良好印象，他們會想：「越後屋會把雨傘借給顧客，服務真週到哩！」三井高利甚至推測，事後還傘的客人一定不會空手回去，他們或許覺得欠店家一份情，所以也會因不好意思而買些東西回去。

此外，越後屋開始轉變為近代的百貨公司（即三越百貨），始於明治37年。當時轉型後的三越仍然秉持越後屋時代的傳統，在宣傳手法上屢見創新。明治年間，帝國劇場是上流社會的社交場所之一，因為予人高格調的印象，所以常是人們注目的焦點。當時帝國劇場透過新聞等媒體，所推出的文宣是：「今天去看戲（帝劇），明天去三越。」於是，三越遂模仿起這句文宣，推出「今天逛三越，明天看帝劇」的廣告詞來打動人心，這麼做確實可以抓住那些講究高格調族群的心。

另一方面，位於西邊浪速的百貨公司亦不甘示弱地展現其宣傳上的技巧。以大丸百貨來說，創始人下村彥右衛門命令來往於京都和江戶間的捆工，在將貨物扛上肩時，都要用染有大丸商標的布巾把貨包起來，然後再扛上肩去，外出送貨。於是，那一包包印有大丸商標的貨物，看在東海道上熙來攘往的行人眼裡，也達到絕佳的宣傳效果。

第三章

少數企業的促銷實例

少數企業
的促銷實例

各業種的促銷實例

動員八千名員工尋找布點的日本煙草產業

日本煙草產業（以下簡稱JT）竟動員全體員工，來尋找飲料自動販賣機的布點場所。這種動員全體來尋找自動販賣機之設置場所的作法，已經獲致相當不錯的效果。

在這場商戰背後，隱藏了同業間為了確保自動販賣機的設置空間，所引發的熾烈爭戰。如今，飲料自動販賣機市場已呈飽和狀態，從擁有七十～八十臺自動販賣機的大公司，到只靠數臺機器來營利的小公司都有，市場紊亂的情形可見一斑。儘管如此，JT食品事業部卻堅信「危機就是轉機」，而向自動販賣機市場挑戰。首先，JT動員了八千名員工，展開爭取自動販賣機設置場所的策略。據說，雖然聲稱有一百處可能的設置地點，卻大約只有十處可以成交，成功率一成不到，只有1～2％而已。即便成約率如此，但JT去年度的飲料銷售額卻高達日幣一百二十三億，其中的八成係來自全國一萬九千臺自動販賣機。

此外，JT也樂於和員工分享這樣的佳績，甚至鼓勵員工可以向親朋好友及住家附近的商家，介紹JT的成功經驗，以吸引他們共襄盛舉，為自己謀得利益。這種藉由透過口耳相傳，以人脈拓展布點的手法，也讓JT得到了重大成果，據稱如此達成的成約率高達50％。而對於提供情報的員工，JT也會贈與電話卡，而若能同時讓對方簽下合約達成交易，則該員工的所屬單位還可以加點計分，依點數兌換禮品。

順帶一提，儘管自昭和63年加入飲料市場的JT飲料部門連年赤字，但自從導入了這個手法，也終於擺脫了單年度赤字的陰影。

以商品開發力持續發展的Unicharm

不斷以滿足孩童暨女性需求為依歸的Unicharm（音譯名），是一家深獲大眾好評販賣孩童暨女性用品的大公司。

和五年前的三月期相比，本年度三月期的銷售業績提高了78％，為日幣一千六百億，經常利益增加了14％，為日幣一百二十九億。接著就來探究Unicharm獲利的原因。

首先引人注意的是Unicharm的商品開發力。與對手花王公司和P＆G公司相比，Unicharm徹底發揮了她的商品開發力，這一點可從開發Mooni Man所做的努力知曉（在占有該公司50％銷售額的嬰兒用品中，Mooni Man紙尿褲大約占了九成的比率）。

改良後的Mooni Man不再像過去那樣採用開放型，而是採用短褲型。開放型紙尿褲對還沒學會走路的孩子來說，或許適用，但等到孩子開始學走路，活動量增加的時候，要讓孩子乖乖地

躺在床上換尿片，甚至讓他乖乖地穿著尿片恐怕就不容易了。因此，Unicharm認為短褲型紙尿褲或許才是合乎實情的另一波趨勢商品，因為這項產品可以讓孩子站著讓大人換尿片，帶給大人不少方便。

此外，Unicharm每年在嬰兒用品上投注的開發心力也不容忽視。最近Unicharm就推出了一種能將吸收體厚度減少為原本厚度的一半，同時提高吸收量的超薄型產品「Mooni Man Powers」。在Unicharm的全力促銷下，Mooni Man Powers成為占嬰兒用品市場八成銷售量的主力商品。至於其他只生產開放型紙尿褲的製造商，也因Unicharm的搶先註冊而無法分食短褲型紙尿褲市場這塊大餅，於是，Unicharm便順理成章的在短褲型紙尿褲這個市場裡獨霸一方。

此外，由於預測西元二〇二〇年每四人當中

就有一位65歲以上的老人，再加上現在大家都生的少，所以Unicharm遂搶得先機將銷售重點放在成人紙尿褲（名為「快樂生活成人紙尿褲」）上，以減輕「少子化」帶來的衝擊。另一方面，對於女性生理用品的開發，Unicharm同樣也是不遺餘力。她推出的「柔軟不外漏衛生棉」就是讓女性可以視經血量所設計的產品，其款式多樣共有五種。此外Unicharm還透過市場調查，知道女性對於這五種款式的衛生棉的需求量，如此嚴謹的作法，讓這種「柔軟不外漏衛生棉」從五年前位居業界第三名的20％市場占有率，躍升為今日業界的第一，占40％的市場占有率。Unicharm的例子可說是以商品開發力取勝的最佳實例。

貫徹顧客服務的三貴集團

以Estate Jewel（資產寶石）為廣告商品的三貴集團（位於東京豐島），如今全體上下全面展開嶄新的服務。其作法是讓購買該公司寶石的顧客，都能將寶石變換成現金，只要顧客拿著一九九六年四月一日以後的寶石認定書（該寶石的買價至少要超過日幣三十萬圓）到公司來，就可以獲得一張「暫時保留書」，而公司也會在顧客來訪的第三天，提出所鑑定的參考價格，然後據以決定成交價。待成交價決定以後，公司便會以這個價錢作為現品價格。

三貴集團的銷售網是由分布全國的一千二百家經銷商所構成。透過這個銷售網，為買方和賣方仲介寶石交易。如今三貴擁有一千萬名以上的會員，因此，新型態的仲介市場或許即將成形。

此外，三貴集團的顧客服務還有其他許多特色，以下就來介紹其顧客服務的若干手法：

●透過金融機構，提供寶石擔保貸款服務。（最高貸款金額為買價的三成，實質年利率為7%）●提供海外緊急救援服務；讓在國外遺失護照的旅客，可以預借最高金額達日幣十萬圓的現金。同時提供24小時緊急醫療服務，並對遺失信用卡或旅行支票的人，提供代為通報掛失、預防盜領的服務。●與保險公司合作，對顧客購買的寶石，提供十年防盜及火險之賠償。●對價格超過日幣二百萬以上的寶石買主，提供最多一百二十次的分期貸款（實質年利率為11.1%），此作法是業界首例。

大幅改變相片市場的照相館45

照相館45（位於埼玉縣志木市）為因應消費意識的抬頭，遂以創造「讓顧客自行選擇相機和底片」的市場為目標，同時以「相片是愛的留言」為廣宣，博取大眾好評，迅速提升業績。

消費者如果在其他連鎖店購買該公司生產的相機，就可使用免費的底片。這種個性相機的價格約在日幣二千八百~二萬八千左右，底片則是照相館45和德商阿古法公司共同開發的個性商品「Beautiful Color Film」。

照相館45是一家規模不大的照相機專賣店，但照相機的獲利卻不大，原因在於照相館45提供永久贈送底片的服務。儘管如此，店家巧妙的地方在於賣相機的同時，所提供「放大照片的服務」能為她抓住老顧客（固定客人）的心。照相館45縮短了放大照片的時間，將時間控制在二十分鐘，十分快速，並透過同業不曾想到各種的點子，為她創造新的顧客，「W Print服務」就是一例。「W Print服務」是考慮拍照者和被拍者的需求，所想出來的新點子；其作法是在店家放大相片的同時，多洗幾張給顧客，讓拍照者和被拍者雙方都能擁有共同的回憶。

至於收費方面，拍攝二組時，每二張收日幣一千一百二十圓、每三張收日幣一千三百六十圓。而如果是拍三組，則每二張收二千六百六十圓、每三張收三千三百八十圓。以此類推，組數越多，沖洗費就越便宜。因此該公司有一句廣告是這麼說的：「本公司是您一夥人旅行的最佳選擇」，甚至以「不要在孩子長大後離開了家，就把家族照片從相簿裡撕去，建議您在拍照時，就開始培養相簿分類的習慣。」照相館45的此番訴求，是希望每個人都可以共同擁有值得懷念或旅行時所拍的相片。

如今，照相館45的推出「愛用卡」發行量已經達到三十六萬張，若再加上家族會員，數量就會倍增。其店舖的分布情形是：關東一丹及位於大阪府和福島縣的直營店，若再加上會員卡加盟店，則共有大約五百家店舖，年營收超過了日幣一百億圓。

順帶一提，「45」之名暗喻出公司應該像數字的順序一樣，4之後就是5，以彰顯「一脈相承」的企圖心。

先熱後冷的APS底片

如今，APS在照相業界引起了熱烈討論。它是一種藉美國柯達公司的技術（感光相片），與底片業及照相機業者共同開發而成的新相機系統。和以往的底片不同，APS除了設計輕巧外，同時也因安裝方便而受到歡迎。但問題是，為什麼APS僅以硬體領先同業，而不像傳統相片市場那樣，是由製造商、零售商和研究室三方面結合在一起，它不但要提供硬體給消費者，同時還必須供應軟體。也就是說，APS不詳細說明處理方法，就逕自展開店頭銷售的動作。我曾經多次聽過一則令人苦笑不得的笑話：「APS在放大相片時不知道需要索引和膠卷捲筒，所以就把膠卷捲筒給丟了」。此外，相當於軟體部分的研究室、DPE也完全被人漠視。街上的研究室在面對APS的狀況時，必須仰賴製造商系的綜合研究室才行。如此一來，便要花費一～二天的時間，於是終使今天的消費者望而怯步。

以是之故，相機專賣店遂針對以往的顯像機進行改良，並達成「馬上做好」的目標。的確，改良固然是好，但是僅以硬體領先的製造商責任又在哪裏？如果答案是製造商沒有責任，那麼可能會出現「日本消費者不自行蒐集軟體方面的情報，只是待新產品（APS）一推出就立刻購買」而認識不清的問題。

但照相館的對應之道又如何？位於東京中央區的木村照相館，已引進了提供DPE服務所需的專用顯像機，而對於未能提供DPE服務的店舖，木村照相館則是以全部五十四家分店來因應APS系統的趨勢。對此，諸如科迪照相館（位於東京杉並區）、北村照相館（位於橫濱市）等店家也繼而跟進。儘管軟體的落後令人焦急，但或許製造商方面（硬體）的策略，和對消費者的軟體提供落後，才是最嚴重的不良示範呢！

獨霸高爾夫俱樂部的「普洛淇亞」

在漸趨冷卻的高爾夫俱樂部的市場裡，業績呈倍數成長的企業是橫濱橡膠的「PRGR」（普洛淇亞〈音譯名〉）。據稱高爾夫俱樂部的市場規模雖然大約日幣八百億圓，但一時間卻很難有所突破。其中為什麼只有普洛淇亞能持續成長，探究其中的祕密發現，原因在於普洛淇亞徹底的市場策略。

首先值得介紹的是普洛淇亞的色彩戰術。普洛淇亞推出以鈦為素材的木材，如今頗受人們歡迎。只要看一眼，普洛淇亞就能定出色彩的等級（黑色為高格調、紅色為低格調、銀色為中格調），而得以分類俱樂部的性能。也就是說，普洛淇亞清楚劃分出商品的定位。若說哪一件是定位最清楚的商品，那麼就非普洛淇亞的主力商品DATA系列的鐵（Iron）莫屬了。

橫濱橡膠雖然是俱樂部經營企業的後起之秀，但由於她對經營目標和主力商品的投入，遂衍生出獨特的特性，並覓得死忠的俱樂部迷（fan）。未來，橫濱橡膠意圖以「累積了一定程度的經驗，同時也是高爾夫球迷等人士」為對象，切實為該層級的顧客提供一目了然的商品。

值得注意的是，普洛淇亞的價格對策及模型鏈（model chain）的循環。說到價格，很多人可能馬上覺得普洛淇亞一定是把價格壓得很低，但事實上卻完全相反。DATA的Iron組超過日幣二十萬圓，比其他同業高出二成。但是為什麼這樣的價格還賣相不惡呢?原因在於紅鈦在碳裡面加進了一種特殊纖維，同時使用了輕質素材，所以Iron組的成本當然不低。而普洛淇亞認為，只要品質好，就算價錢貴一點，那些幾經歷練的高爾夫球迷也會不吝價錢地購買。

此外，儘管高爾夫俱樂部每年都會以新形象登場，但普洛淇亞汰換商品樣式的循環卻是三～四年。普洛淇亞對外表示：「去年購買的球桿到了今年已呈舊型，實在感到失禮」。這句聲明似乎在對顧客呼籲：「對於耗費多時進行商品開發的產品，請您至少使用個三～四年」。事實上，店裡獨一無二的商品款式已獲得顧客的信賴。對日趨冷卻的高爾夫俱樂部市場，普洛淇亞反以巧妙的戰術獨霸天下，這一點頗值得學習。

以汽車臘快速進擊的大鵬工業

一種聲稱「不碰觸車身(no touch body)」的汽車臘,一年的銷售量達二百萬桶,這是位於東京港區的大鵬工業不斷快速進擊的結果。

自大約三十年前起,大鵬工業即投身於汽車用品市場,且全力促銷開發成功的玻璃除霧劑和油膜去除品clean view而大發利市。至於輪胎除污用的no touch商品及這次推出的「不碰觸車身(no touch body)」的汽車臘,都使得大鵬工業獲利不少。探究大鵬商品開發的祕密可知,本身具備的技術能力和徹底分析市場需求,是大鵬商品開發成功的最重要因素。

拿汽車臘來說,為車身打臘並不輕鬆。對女性而言,打臘以後再磨光車體,更是耗費體力的事。像最近頗受市場歡迎的挑高車頂的RV房車等款式,要想為車體打臘,恐怕是女性萬萬辦不到的事。

有鑑於此,大鵬的首席研究小組遂展開研究,認為公司或許可憑藉過去開發輪胎除污用之專用no touch商品的經驗,來改良汽車臘方面的問題。但由於走在路面上的輪胎係與地面呈垂直,洗劑的泡沫會因重力而使污垢脫落,但車體卻因呈水平狀態,所以根本無法將先前的經驗應用在汽車臘的改良上。於是,研究人員在帶正電的車體噴灑帶負電的藥劑,讓車體和藥品因水的彈力而附著在一起。當水從車體上流下來，過多的藥劑也會流掉，至於車體則會形成一層「單分子皮膜」，這就是研究人員主張的為車身打臘的理論基礎。說起來，要解釋箇中原理並不容易，總之，這個原理和在洗臉槽裡倒入油料，而油料擴散的範圍就和油在水面形成的厚度一樣，是同樣的道理。

待洗車完畢，也不用把水擦乾，只須噴水就能完成車體打臘的工作。大鵬工業分析市場的需求，同時憑藉自身的技術努力將產品商品化的策略，只能用了不起來形容。

以「物流和情報」問鼎第一的伊藤忠食品

如今在某種層面上，「批發商無用論」的說法竟用在流通業者身上。日本昭和三十年代以前，批發商一直扮演著藉商品開發力和金融力，扮演起製造商與零售業者間橋梁的角色。後來因超市的抬頭，批發商以其金融力支配零售業的時代已落幕，就連製造商也不看重與情報貧乏的批發商間的買賣。因此，「批發商無用論」的說法甚囂塵上。但是儘管不透過批發商，而是製造商和零售業者直接進行交易，其中必定也有不足之處，物流和情報就是兩者交易時欠缺的地方。對於物流和情報這個名詞，相信大家並不陌生。而伊藤忠食品想到的卻是，充分活用公司的機能，讓公司的美景在成為全國的物流中心後得以實現。

伊藤忠食品的物流系統是只要一接到百貨公司和超市的訂單，就馬上迅速因應。對於各倉庫的商品管理、簡易的包裝系統和全國四十一個配送中心，都在伊藤集團的電腦系統下完備地建立起來。項目龐大的商品管理不但已電腦化，同時也做到接獲訂單後立即出貨的動作。至於和商品管理關係頗深的物流系統全國網路，如今也成為業界中的翹楚。

最近，「叫菜外送服務」在百貨公司暨超市賣場激烈地展開。雖然這項服務減輕了提菜回家的困擾，又能縮短做飯時間，因此頗受人們歡迎，但問題是如果有生鮮食品怎麼辦？這個問題一直是批發商不敢碰觸的難題。然而，伊藤忠食品卻利用和冷凍食品製造商、全國魚業總會及所有食品業者連結而成的伊藤忠集團網路，毅然地投身在這場「叫菜外送服務」的戰局裡。

伊藤忠食品具備完善的全天候24小時配送系統，能將「必要的貨品，在必要的時間裡送達」，就這樣，伊藤忠食品以物流和情報作基礎，並以實際行動破除了「批發商無用論」的說法。

「貨物既出，概可退還」的流通業大轉變

這個例子或許是從美國引進流通業界的一種潮流。這種提供無條件接受退貨的服務，也在日本掀起一股風潮，許多企業亦紛紛引進這種服務手法。

以販賣成衣的美系直銷公司和日系的蘭茲恩得（位於橫濱市）來說，他們在目錄上都清楚地寫著「不問原因，本店一律接受顧客交換及退還商品」。就算「試穿後不滿意」或「改變主意了」，不論什麼情形店家都無條件接受顧客退貨。然而當我故意刁難的問：「穿了十年的衣服也可以拿來換嗎？」蘭茲恩得卻回答「可以」，這個答案實在令人訝異。

同樣的，美系成衣製造商艾迪・包雅・日本，不論是透過直銷或者店面販賣的方式，都有提供這樣的服務。此外，位於東京的Catalog House甚至接受客人用過電動牙刷等物品後，因不滿意而退貨的物品。該公司表示，「東西不用怎麼知道好不好，只有顧客滿意了生意才算達成」，因此，就是這種心態，使得Catalog House在目錄中也清楚表示，有三十四項物品接受使用後的退貨。於是，像吸塵器那樣的商品，某些店家也提供了貨品髒污或故障的退貨服務。

究竟這種退貨服務如何？探究實情，竟發現出人意表的結果。提供這項服務的店家銷售率竟比顧客的退貨率高出許多，而對於提供此項服務的店家，顧客似乎表現高度的信賴，因此成為固定的常客（這是日系蘭茲恩得的經驗談）。也就是說，退貨服務與銷售額的增加的確有關。

退貨服務在美國早就行之有年。美方認為，與其斤斤計較眼前的小損失（即退貨造成的損失），倒不如把眼光放遠，以利益為考量；這就是「建立顧客信心，取得顧客信賴」的要義。據說，美國有些超市甚至對那些第二天發現食物不再可口的顧客，提供退貨或者退錢的服務，以為因應。

或許這種不以消費力為導向，而著眼在如何拉攏消費者的「退貨服務」戰術，終究也會在日本生根。

向價格保證挑戰的各家戰術

流通業者如今紛紛展開「絕對價格之履約保證」，目的是防止價格市場的紊亂，同時維護顧客的購物權利。

以大型家電用品量販店「櫻花屋」來說，對購買大哥大和PHS的顧客，「櫻花屋」展開了「購買後六十天內如果發現比買價還低的商品，可要求退還差價部分」的服務。以是之故，市面上竟然出現一臺PHS賣日幣一百圓或十圓的店家。如此低廉的店家之所以出現，或許因在電話銷售公司激烈的競爭中，業者為了分食市場而大幅提高銷售獎金，而以低價來補足電話費造成的赤字支出。

位於日本川崎市的「托伊薩拉斯」（係一玩具專賣連鎖店）過去就已執行「絕對價格之履約保證」。該公司保證，只要顧客握有其他公司的傳單，可以證明顧客所購買的商品比其他公司的價格還貴，就可以獲得該貨品的差價部分（特價商品不在此限）。

位於高崎市Home Center的「凱因斯」也表示，第一位將「尚有其他便宜價格」之訊息傳回公司的顧客，可以該貨品差價一點五倍的金額去購買其他商品。也就是說，如果和其他價格相比，公司的賣價高出日幣一千圓的話，那麼這名顧客就可少花日幣一千五百圓去購買其他商品。日本的大型家電用品量販店「小島」（位於宇都宮市），對購買日幣五萬圓以上商品的顧客，提供「將利率定為每年日幣一圓」的服務。

接著稍微偏離主題，談談另一則促銷對策，即「油錢之減免」方案。柏青哥專營店Good Well（位於名古屋市）最近開幕了一家名叫「Power City 四日市」的分店，該分店提供一項名為「貼心打折」的服務，對於來店消費的客人減免其汽油錢。首先，「Power City 四日市」是將顧客的住處及其與店家的距離分成三個階段，然後設定商品價格（範圍分成日幣五千圓以上、一萬圓以上和三萬圓以上），最後再根據兩地間距離找出與之對應的減免價格」，當然距離店家越遠的顧客因花費的油錢較多，因此所受的優惠越多。這種掌握地域性以吸引顧客的郊外型店舖的商業戰術，是值得大書特書的妙點子。

延長保證期的各家戰術

家電用品製造商提供的保證期通常為一年，但有些業者已經獨自展開延長保證期的服務，並在價格上多有優惠。在爭取顧客的激烈競爭中，這種手法應是賣方爭取商機的策略之一。

位於東京新宿的大型家電用品量販店「櫻花屋」就對PHS提供三年的無償保證期。雖然破壞了市場價格，但櫻花屋仍以日幣一萬圓為限，保證第一年提供九成的實際修理費，即使賣價再便宜的商品（PHS）也一樣。

回到前面提到的，由於PHS的價格競爭激烈，因此至今未有明確的價格；有時候修理費甚至比買價高出許多。於是，櫻花屋也訂定出「保證商品價格」的制度，因而引起熱烈討論。

再拿大型家電用品量販店「小島」來說，凡來店購買電腦的顧客都能獲得由小島自動提供，而非由製造商提供的「五年期綜合保險證」。這對消費者來說，的確讓人放心不少，讓人不必擔心電腦會在五年的保證期內，發生因火災或竊盜所帶來的損失。

此外，三洋電機的系列店也根據產品賣價（例如一臺日幣六千圓的冰箱），將一般製造商提供的一年保證期延長為三年，這樣的服務對顧客來說實為一大福音。然而對於業者的這項服務，我卻有不同的看法。我認為，延長保證期不過是業者規避責任的作法，其補救的意義大於服務的精神。

「以價致勝」的大塚家具

位於東京臨海副都心的IDC大塚家具，是日本最大的家具販賣店。所謂的IDC，是大塚家具的註冊名稱。初聞IDC之名，總覺得她就像地處陸地孤島的家具賣場一樣，交通非常不方便，但事實卻非如此。大塚家具的賣況不但旺盛，而且致勝之道不勝枚舉。究竟二萬二千平方公尺的賣場面積，和大塚家具傲人的業績有何關聯？

首先來看大塚家具的價格對策。對於貨物的流通管道，大塚家具採取不依賴批發商或物流中心的對策，直接從製造商整批大量採購。因此，商品可便宜個二到三成，有時還會半價賣出。大塚家具甚至利用報紙夾帶傳單，表示凡將註明住處地址及姓名的傳單寄回公司的人，都能成為公司的會員，同時享有不同於市價的會員優惠價，這是大塚家具銷售體制的特色所在。因此，傳單上不會標示價格，也由於星期六、日兩天來店的客人眾多，因此有入場限制，前往展示區之前必須預約才行。此外，大塚家具還為顧客提供了專門的諮詢人員，且以一對一的方式服務顧客，同時仿傚百貨公司對待外賓的作法，將每一位會員視為上賓。

在商品項目方面，賣場除了展示國內製品外，也大量展示舶來品。舉凡美國的湯瑪斯大樓、伊珊阿蘭、海倫，以及瑞士的迪賽狄、義大利的沙波里提和西班牙的巴蓮提等知名品牌，都能在這裡看到，貨色應有盡有。此外，對進口家具，大塚家具甚至打出「導正內外價差」的文宣廣告，並以接近現地價格的售價出售進口家具（百貨公司進口家具的售價約為現地價格的二至三倍），這也是大塚家具活用直接與海外製造商交易的優點，所獲致的成果。

交通不便，宛如地處陸地孤島的大塚家具之可以締造旺盛的買氣，原因就在於獨到的促銷策略。

年輕人愛逛的藥局

如今，都市裡的高中女生很喜歡逛藥局。除了藥品以外，最近藥局也賣起了護髮護膚品及精美小飾品等等，這些都是以年輕人為導向的商品。而那些可以迅速掌握流行，同時提供經雜誌等媒體介紹新品的店家，尤其受到歡迎。或許這種現象的產生，是人們關心焦點的改變，大家已從裝扮的流行，轉變成對年輕人身體的關心。

位於東京池袋區的「陽光國民店藥局」，為顧客提供了大約八千種商品，與護髮、護膚相關的商品占七成以上，每天來店的客人逾二千人次，幾乎都是高中女生。此外，位於東京吉祥寺的「吉祥寺美容坊」則是除了化粧品外，同時各種精美飾品及國外進口的舶來品等等，貨色相當豐富。據稱，十幾歲的少女是美容坊鎖定的顧客群。

從這些背景看，年輕女孩並不喜歡面對面和店家直接交涉，而比較喜歡互相交換訊息，一群人一起上街購物。不斷推出新產品，同時提供了各種美麗訊息的藥局，由於具備了女孩們「喜愛逗留」的條件，因此成為她們經常聚集的場所。為了做到更好，貨色齊全自是當然，但仔細留心地展示商品，同時細心營造店內氣氛，才是運用智慧的最高表現。

利用住宅接近型店舖鞏固老客人

嬰幼兒服裝店「阿帕雷爾」的各家分店，如今挾其品牌的聲譽，建立起具個性化直營店。米奇屋（Miki House，位於大阪府八尾市）藉引入嬰兒服新品牌「Miki House Baby」為契機，計劃擴大賣場面積，同時以每年五、六家的速度成立分店。

而位於神戶市的「貝貝」嬰幼兒服裝店，在重視商品策略的前提下，致力成立其他分店，除了擁有第一品牌「貝貝」外，還建立了第二品牌。而同樣位於神戶市的「法米利亞」，也在兵庫縣的三田市成立了一家名叫「口袋」的實驗性分店。這些嬰幼兒服裝店之所以展開擴增分店的計劃，是因業者瘋狂的削價動作，往往造成業績疲弱不振，因此業者希望藉著品牌的良好印象，以擴增新店的手法擴大客群。

此外，特別值得注意的是，以往業者多半會把分店設在總站的車站大樓，抑或地下商店街等場所，但「住宅接近型店舖」策略卻是業者今後採取的對策。也就是說，業者希望能更接近消費者，同時以周遭的顧客作為主要的客源對象。

居零售業龍頭地位的7—11

日本的7—11於去年二月期結算中，成為日本零售業之經常利益的龍頭。過去，7—11的母公司伊東八日堂（音譯名）曾經以日幣九百七十五億為伊東八日堂拔得業界頭籌，但是現在，7—11卻青出於藍的締造出比九百七十五億高出六億之多的經常利益，而以九百八十一億二千一百萬圓成為業界的龍頭。對全國六千五百家左右的連鎖店，7—11寄望手卷、三明治和日式便當等速食，能為公司帶來高漲的銷售業績，如今7—11辦到了，比起速食業界的盟主麥當勞來說，其去年一整年的銷售業績為日幣二千五百三十四億圓，但7—11的速食部門卻在去年締造了四千五百二十億日圓的銷售額，大大地拉開彼此間的差距。探究7—11快速進擊的祕密，發現7—11會先讓全體員工試吃（尤其是速食）公司販賣的食品，並評比食物的味道，然後不斷進行改善。此外，遍布全國各地的分店，每天都會利用電腦來掌握天氣情報，因此不致發生送貨時白跑一趟的情形。更甚的是，7—11擁有大約六千五百家加盟店，平均每天約有一千名顧客上門，因此以一年看，店家每天都能獲得六百五十萬筆顧客資料。或許您沒發現，7—11還會利用電子儀器，將來店購物的顧客性別、大約年紀、購買的商品與購買時間，通通記錄、彙整起來，希望藉此能在商品開發、商品設計和商品發送方面，獲得有效的利益。

7—11還有一個不容忽視的策略，即計劃開店時徹底執行的市場調查。對於可能的設立地點，7－11都會針對道路面的寬廣、交通暨車流量、來往的人群及其特性（指不同時段出現的行人的性別和年齡）徹底加以調查。據稱，為了調查該地點是否適合開店，須調查的項目竟多達一百二十項。7－11每家分店的平均日銷售量（也就是每天的銷售量）為日幣六十六萬二千萬圓，堪稱業者之冠，這一點同樣令我折服。

矢志拿第一的全家便利商店

現在，全家便利商店（Family Mart）正在操練策略，以超越7－11為矢志。自創立以來，歷經沉浮的全家便利商店每天平均的營收雖遠不及7－11的六十六萬日圓（如今，其平均一天的營收只有五十萬日圓），但是她企圖超越其他業者的心卻不能等閒視之。

在積極設立分店的對策下，遍布日本全境的全家便利商店已經超過五百家。就連海外，全家便利商店也在臺灣、韓國和泰國設立了七百個以上的據點，這個數字是繼7－11和洛松便利商店之後的第二多數。若從其設立分店的實情看，就能清楚明瞭她是如何積極展開分店策略的。拿一九九六年來說，整個業界所設立的分店數為過去的一點一四倍，但全家便利商店的分店卻成長了一點七六倍，而在九六年寫下自創立以來最多數的分店記錄（統計去年有四百二十六家分店）。

在緊追7—11之全家便利商店所展開的分店策略中，可發現不少獨創的市場策略。首先，全家便利商店把焦點鎖定在便當和點心食品等速食上。而她根據社內對便當的調查結果，所開發出的新產品「滿足您的嘴系列」及「豪華西式便當」等快速食品，尤其深受年輕消費者的歡迎，其種類不但豐富，且價格也不超過六百日圓。此外，全家便利商店甚至積極力倡遍布日本全國的分店，應該導入賣相最好的前二百項商品的作法，也成為她獲致成功的主因。

更引人注目的是，顧客可在這裡買到JRA賭馬券，並找到中籤的號碼，這些都是異於其他同業的服務項目，同時也因這些服務項目，使得全家便利商店的集客率大為提高，這一點也不容忽視。探究起來，得知其致勝之道在於「差別化」的策略。所謂商品的差別化，就是全家便利商店所生產的「無印良品」。在與其他同業的競爭中，「無印良品」是有別於那些頗受歡迎之名牌商品的特色產品，它代表了一個公司的形象。也就是說，她要讓消費者心中留下「無印良品只能在全家便利商店買到」的印象。

全家便利商店未來仍計劃設立分店，預定二〇〇〇年設立六千五百家，並把目標鎖定在每天七十萬日圓的營收。設立的分店和7—11一樣多，卻把每天的營收鎖定在高於7—11的四萬日圓的目標上，針對這一點，我相當感佩全家便利商店向第一挑戰的精神。

各企業導入的計點服務

在規定趨緩的情形下，所有業種展開的計點服務紛紛出籠。計點服務的根源雖源自美國，但如今日本也正式展開這樣的服務手法。

以京都聯營飯店來說，她已針對全國十八家系列飯店的投宿客人及在飯店餐廳用餐的客人，展開計點服務。只要達到一定的點數，就能以點兌換食宿券和禮品。若累積達三萬五千點（消費金額為35萬日圓），還可換回現金四萬日圓，如此的投資報酬率達11.4％之多。過去商務飯店（business hotel）已提供了「累積點數、服務顧客」的服務，但以京都聯營飯店來說，卻是首次的創舉。未來其他的都市飯店（city hotel）也會跟進也說不定。

在GC卡的提攜下，日本NEC公司開始推出「NECPC卡」。持卡會員只要到GC或JCB之加盟店購物、用餐，每刷卡消費一千日圓，就可加計十五點，而若是購買NEC的電腦，則可依卡累計點數每一點兌換一塊日圓。在競爭激烈的電腦市場中，這是一種促銷公司自製品的高明手法。

拿日產汽車和豐田汽車來說，日產已經導入「日產Car Life IC卡」的點數制度，豐田則是展開「豐田卡」的服務，據稱在展開的第一年，總共吸收了一百六十六萬名卡友，可見點數卡（point card）頗受市場歡迎。

計點策略所期待的，無非是穩固消費者的向心力，同時提高公司的業績。至於消費者方

面，未來也不是一味地收集各家推出的點數卡，而是配合生活型態與目標，以自我利益為考量選擇性擁有。

於札幌開幕的「寵物相伴酒吧」

和歐美不同，日本的寵物還沒有市民權。許多別墅和出租公寓都禁止飼養寵物，而且幾乎所有供應飲料的店家也禁止攜帶寵物入內。

儘管如此，作風獨特的店終於登場，其中之一就是所謂的「寵物相伴酒吧」。俱樂部和酒館推出的「同伴相隨對策」是一種促銷方案，它允許顧客攜自己的寵物到店裡消費，而這就是「寵物相伴酒吧」有趣的地方。

位於札幌市中央區住宅街上的「MOON」允許顧客在每週一次的「寵物相伴日」攜寵物來店

消費，這種服務受到廣大的迴響。至於菜單方面，MOON也推出「寡糖飲料」和「牛肉大餐」等，令人類感到妒忌的佳餚。

在寵物相伴日的這一天，大家各自帶著自己的寵物到店裡消費，當天店東也扮演起逗寵物開心的角色。當然這一天來店消費的顧客必定都是寵物喜愛者，而藉由這個機會，大家可以互相分享彼此的寵物經，而使整個店裡充滿談笑的聲音。「MOON」就是這麼一家不刻意區隔人類與動物，同時體貼服務動物的寵物相伴酒吧，她讚美人與動物的共存，並提出這樣了不起的點子。此外，店家另一個幽默的地方是，讓顧客帶來的寵物可以從店家大門進入，這麼看來，應該不會有人帶馬或牛等大型動物入內消費吧！

寵物在別墅也將有市民權

這是延續寵物話題的另一則。儘管日本政府禁止在出租公寓或別墅裡飼養寵物，但以獨居女性或年老兩夫妻為主的飼主群急速增加，卻是不爭的事實。

為了因應這群人的需要，儘管並不新奇，但寵物公寓卻真的出現。這個消息對寵物愛好者來說是一大福音。東京都練馬區的建商「居住協力」提出「向地主租借，來興建寵物公寓」的構想，並在東京都杉並區興建起理想中的寵物公寓。由「居住協力」興建的寵物公寓，可說是採用「重視內心型」的型態，室內除了使用防止受損或髒污的材料施作地板和牆面外，建商還為每戶加裝專為寵物設計的室內門板，及隔絕寵物叫聲的雙層板和防水加工的寵物專用空間，設計之完備由此可見。而入口大廳還特別安裝了換氣裝置，以排除寵物特有的臭味。

隨著硬體完善的寵物公寓的問世，有些建商甚至起而傚尤，同時思考改善軟體以建構「人畜共生」的寵物公寓。由長谷工社區管理的「赤阪公寓」便訂有「飼養寵物的規定」。規定中聲明，社區內不得飼養體長超過八十公分、體重逾十公斤的成犬，同時不得抱著寵物穿過公共用地。如果寵物叫得太凶，地主甚至有權要求飼主為寵物去勢或為寵物進行聲帶割除手術，屆時飼主不得有異議。

像「居住協力」這樣以「重視內心」之型態所推出的寵物共生公寓，如今已經成為一項商品化產品。另一方面，保有以往公寓的既有設施，同時視飼主需要來訂定條件的「軟體重視型」公寓，似乎也在增加中。

以折舊為前提的創意貸款

RV車種是現今五十鈴汽車的熱賣商品，為此，五十鈴汽車擬定了獨特的貸款方案（稱為Z計劃），讓顧客能以每月扣款的方式於三年後購得新車，至於所付金額則為三年後RV車的折舊價格。對使用者來說，他們是用貸款來付六折的現購價，剩下的四折也會以折舊金一併回收。

在「Z計劃」中，五十鈴汽車是以RV車種的「Big Bone」和「μ」兩種款式為銷售對象，並將自顧客購車起三年後的折舊價（殘存價格），設定為銷售價格的四折。此外，她還扣除使用者每月預付的金額，並將最後一次的預付金定為殘存價格相同的金額，以平衡車子折舊後所造成的金額損失。我認為，當殘存價格（折舊價）因車子的使用狀態而降到四折以下，那麼使用者就必須作出補償，以實際貸款金額支付須補足的「購入價的六折」，這恐怕是「Z計劃」在下一階段必須考慮到的。再者，「Z計劃」還針對三年一過，沒有淘汰車子的車主，提出餘額之「繼續信用」服務。

對於車子，過去沒有一家業者堅持「車子可以折舊」，甚至對車主提供貸款服務。為此，五十鈴汽車的「Z計劃」頗令人感到十分不可思議。

提供完整資訊的出租汽車業者

為了因應坊間對RV車種的熱烈需求，「豐田rent this東京」展開了頗受市場歡迎的「RV舞臺」。豐田汽車設在東京都的四個據點（RV舞臺），往往吸引了大批愛好戶外活動的年輕人或家庭成員親臨現場。

RV舞臺是為了因應顧客「決定了露營場地，卻不知帳蓬在哪裏？」及「營地周邊的觀光設施、休閒設施和史跡在哪裏？」這方面的需求所設置的。此外，不只是出租RV車，RV舞臺也提供了靜岡、山梨、茨城縣等縣都心方圓一百二十公里之內的觀光情報，當然這些地區所舉行的各種的慶典也在介紹之列。

此外，有興趣的人還可以利用傳真，獲得自助露營（auto camp）場所是否有空位的情報。諸如帳蓬，甚至烤肉用的爐具等等，都可以向RV舞臺租借的到，其服務之細心由此可見。對於喜歡開到哪就玩到哪的旅者來說，能代做行前準備，同時檢視自己所擬行程，「RV舞臺」已成為受旅者歡迎的據點，它讓那些不喜歡按計畫行事的旅者能夠免除漫無目的，甚至敗興而歸的遺憾。

對於這種「用心」的生意，「豐田rent this東京」設置的「RV舞臺」正考慮進一步提供顧客「軟體」方面的服務，此項促銷對策已受到矚目。

此外，「日本出租汽車」（位於東京涉谷區）這次也開設了RV專營店。該專營店附屬在東京都內五個現有的營業所內。其提供的車種包括：豐田、HONDA和三菱的九款RV車。未來，日本出租汽車不但會在冬季為所有車種換裝，同時還將實施以紀念開幕之名，如：抽出三百名獲得露營用住宿券及出租汽車用折價券的顧客為企業造勢。

出租汽車業者各種促銷手法

「沒有搭乘，就不算錢」的服務及市場反應熱烈的RV車與Wagon車的折扣戰，在出租汽車業引起了軒然大波。

由日本廣島市的「馬自達（Mazda）rent this」所推出的消費金額達三千日圓，就能享受「沒有搭乘，就不算錢」的服務，實施地點僅限於北海道的某些特定區，但豐田rent this和日本出租汽車服務所（位於東京涉谷區）卻繼之而來，以更優惠的手法為顧客服務。首先，豐田標榜在同一都道府縣內一律免費，甚至連關東地區也列入服務的範圍。日本出租汽車則是在日本的關東暨關西地方，免費為顧客提供這項服務。日產car this也在東京周邊限定的地區內，提供五十公里內免費搭乘的服務。此外，「歐利克斯出租公司」（位於東京品川區）和「賈帕連出租公司」（位於東京杉並區）也對東京近郊的限定地區，提供「沒有搭乘，就不算錢」的服務。

除馬自達外，JR（日本國鐵）系列的車站出租汽車系統（位於東京新宿區）和三菱自動credit this（位於東京港區）為了掌握這些出租汽車公司無法吸收的都市客源，不再以北海道、東北、九州等特定區域的顧客，提供「沒有搭乘，就不算錢」的服務，而改以更高明的手法進行「降價三到五折」的策略。

因此，在「沒有搭乘，就不算錢」的同時，業者也不能忽略商品策略。如今，導入人氣頗高的RV和Wagon車，所進行的折扣戰也在業界相當盛行。以「賈帕連出租公司」來說，其作法是限定車子的出租時間並以三折回饋顧客，至於三菱汽車則是對租借該公司「Libro Cargo」的顧客，提供租借九天可以享受四折優惠的服務。然而看中網路已然成為今日明星的日產car this，針對凡透過公司首頁申請租借的顧客，提供二折的服務，甚至對居住遠方的顧客（如北海道等地）提供只要在二十天以前預約，就可以享受少付25％基本費的優惠價。

因法令的鬆綁，「歐利克斯出租公司」得以率先實施相當於一百六十四萬日圓進口車價格的開幕懸賞活動，彷彿揭開了出租汽車業者為促銷熱身的序幕。

發揮相乘效果的企業聯盟

Joint Campaign係促銷戰術中的一環。它是根據異種企業的統一主題，發揮出相乘效果的一種挑戰。

近來，豐田汽車與松下電器的結合受到相當的注目。為了促銷松下生產的32位元家庭用遊樂器3DO・REAL「實境」，豐田汽車與MarkⅡ的Manner Change結合，而以「救援軍」的姿態向松下購買該項產品。如此的結合，首先讓分布全國一千一百個據點的豐田寵物店系列分店，都設置了松下的「實境」。而且在軟體方面，豐田還準備了MarkⅡ的原始促銷軟體、高爾夫球和射擊式遊戲軟體。

這樣的企業結合還有後續的對策。首先就是每個月由松下提供一件新的軟體。而扮演救援角色的豐田寵物店也開始製作輸入了RV車備件的CD-ROM，以供豐田汽車當作「電子日曆」來使用。豐田寵物店的目的，是希望藉由家庭遊樂器「實境」的設置，來豐富豐田汽車各經銷商的店內氣氛，同時喚起家庭成員的需要，以招來更多的新顧客。另一方面，松下亦可藉由豐田店面的展開，提高遊樂器「實境」的知名度，同時增加銷售量。就這樣，異業之間，可以運用相輔相成的特性，發揮互利的完美效果。

接著我再舉出一些可以相互結合、共同合作的企業（商品）供讀者參考，如：「牛奶及麵包、遊樂園、兒童圖書出版社」、「汽車及化粧品、休閒用品、石油公司」、「底片及鐵路旅遊指南、觀光地」、「酒及AV、乳酪、寢具」、「電影和出版」、「家電和摩登休閒設施」、「住宅和家具、造園、住宅設備」、「休閒小屋和高爾夫球場、滑雪場、休閒設施」、「系統廚房和食物、調味料、烹調器具」、「浴盆和沐浴劑、肥皂」，以及「溫水馬桶和紙尿布、浴廁用品」等的結合。

改變習慣，販賣商品

一九三〇年代的美國，有一家販賣培根的「Beach not Packing」公司一直無法提高培根的銷售量，業績也是一落千丈。為此，公司聘請專家為公司診斷，而受託診斷的人是一名叫愛得華・L・巴涅茲的人。巴涅茲最令人稱奇的是他不會把促銷商品視為優先改善的首要之務。

診斷過程中，巴涅茲注意到當時一般家庭所吃的早餐內容。那時一般家庭都認為「早餐要吃得少」對身體才有益，這是常識也是當時流行的風潮。

因此，巴涅茲根據現況向醫師朋友請教，然而所獲得的答案卻讓他感到意外。據朋友表示：「早餐是一天活力的開始，若只吃少量的食物，將無益於健康的。」為此，巴涅茲蒐集了五千名醫師的話，為「早餐應該充分攝取」的理論作證明，並大肆發表所彙集的資料。後來，經過新聞媒體報導以後，美國人遂開始改變原有的觀念，充分攝取早餐的營養。

因大家的觀念改變，早餐的內容當然少不了培根和蛋，於是「Beach not Packing」公司的培根銷售量當然也水漲船高囉！

平賀源內巧妙的促銷手法

許久以前，由於一般人認為「星期五是喝酒日」，所以造成賣酒業者大發利市。此項訴求是針對消費者所提出的「生活提案」，但卻在業者巧妙的安排下，促進酒類的銷售市場，事實上這

才是業者的用心所在。

對日本人來說，「土用丑日的鰻魚」已成為年中記事。事實上，這種印象的產生也是業者的用心表現，而刻意造成這印象的人是江戶時代的平賀源內。是發明家兼文學家的平賀源內，就是利用直升機原理，發明童玩「竹蜻蜓」的人。

如今，「只要在土用丑日吃鰻魚，就不會中暑」的說法已根植在每個人心裡。在平賀所處的那個年代，只要夏天一到，那全身滑溜溜的鰻魚就會大量滯銷，令鰻魚業者損失慘重。當平賀從經營鰻魚飯店的友人口中，聽到他對此情形表示怨嘆時，遂對朋友提出這樣一個建議：「你可以把店裡所有以「(係日語五十音中的一個音)作開頭的食物(如乾鹹梅、瓜類等等)通通列出來，表示只要吃了這些食物就不會中暑，而那以「為開頭的鰻魚當然也不例外。或許你就可以此為重點大肆宣傳，尤其把宣傳重點限定在土用的丑日，宣稱只要在這一天吃鰻魚就不會中暑。你認為如何呢？」

聽聞平賀的建議，心想值得一試的友人遂立刻展開行動切實執行。自此，店裡的生意遂愈見好轉，而鰻魚在夏天的賣況也愈見良好。這股風潮接著擴及整個日本，演變成在土用丑日這一天，鰻魚店的生意是高朋滿座、客人紛至沓來。到了平成年間，全國各地的鰻魚飯業者也紛紛跟隨平賀源內的腳步，因而獲致喜悅的成果。相信江戶時代也曾有人提出「星期五是喝酒日」這樣巧妙的構想吧！

人氣直升的有機養殖魚

有機養殖魚如今受到相當的注目，其中以挪威產的有機魚，最受人們歡迎。

如今，東京的新宿小田急和立川高島屋販賣的有機水產受到消費者如是的佳評：「沒有養殖魚特有的臭味，如果生食，其味道就像鮪魚脂訪多的部位一樣。」由挪威有機農產品認定機關訂定的有機養殖標準，目的是禁止業者使用防止魚類生病的抗生素、食欲促進劑等人工添加物，同時要求業者有義務裝設「過濾吃剩的魚飼料及其排泄物」的裝置。在此規範下，養殖業者使用的飼料是混了柳葉魚、薑、小銀魚和蝦等材料製成的魚粉，更利用有機大豆中的蛋白質、礦物質而完全不使用任何人工添加物作飼料。雖然養殖魚業的成本高、售價也壓不下來，但保留原味的優點卻討好了每一張愛魚人的嘴，因而使有機養殖魚深獲喜愛。

另一方面，有機養殖魬受歡迎的程度也不容忽視。所謂養殖魬，是一種讓整個魚身充滿脂肪，同時具有特殊氣味的養殖魚產品。某家會員分布範圍達五萬五千個外送地點，同時位於東京新宿區的有機魚販售業者，已對會員銷售由德島縣之協力養殖場所飼育的養殖魬。由於養殖場的環境十分接近自然的海洋，因此這裡飼育的魬都有足夠的運動量，再加上固定大豆蛋白質及乳酸菌作飼料，且一概不用抗生素和人工添加物的作法，也讓沒有臭味的魚深受會員喜愛。儘管這種養殖魚類的價格幾乎是普通養殖品的二倍，但為能滿足追求自然風味的會員殷切的需求，年產量三千隻的人工飼養魚似乎仍銷售一空。未來還打算推出有機鰻魚、有機蝦甚至有機真鯛等商品化產品，雖然價格高了一點，但為了滿足喜愛自然養殖魚類的消費者，業者還要更加把勁才行。

牛奶外送業的復甦

令人意外地，牛奶外送業似乎有復甦的趨勢。我之所以感到意外，是因為我認為一般人不都是在超市或便利商店購買牛奶嗎？牛奶外送到家的景象曾經令人懷念，曾幾何時，街上林立的牛奶店如今都被其他的建物所取代，但是當我聽聞牛奶（包括乳製加工品）外送業有復甦的消息後，經過調查才恍然發現業者令人佩服的地方。

為了順應日漸關心年輕女性健康，同時憂心骨質疏鬆症等疾病造成影響的現代，那些可強化鈣質吸收、植物纖維吸收和鐵質吸收的「外送到家之專用商品」，便成為業者努力開發的目標。

在森永乳業的外送商品中，以主力商品「鈣達司」的賣相最好。和九六年度相比，鈣達司的每日出貨量增加了20％，為一天出貨一百萬瓶；明治乳業「高高鈣」的每日出貨量也增加了40％，為六十萬瓶左右；至於雪印乳業「鈣活力」的銷售量也比全年度高出二位數。

然而，整個牛乳產量卻在減少。一九九五年度牛乳產量約為五百萬噸，比九四年減少了2％。因此，各大型乳品製造業者莫不希望開發更多的外送需求，以因應看似需求量大，實際上卻在減少的現況。先前提過，停經後婦女和年輕女性對於可「留住骨本」的牛奶需求，是讓牛奶外送業得以一舉復甦的最大關鍵。

此外，森永乳業所作的問卷調查，似乎也發揮極大的作用。這個看似簡單，卻不容忽視的動作，讓森永乳業明白原來一般家庭主婦都覺得買牛奶回家很吃重，而這一點也加強了森永進行外送事業的決心。

不論如何，買況漸衰的牛奶市場，已經因為業者投入開發「外送到家之專用商品」的心力後，活絡起來。

天線換色彩，提高買氣

在日本，電視機開始普及的確切年代應該是昭和三〇年代後半，當時的電視機只有黑白畫面，大小也只有14吋左右。後來因皇太子殿下的成婚典禮及東京奧林匹克運動會的舉行，這才開啟日本迎接彩色電視機的全盛期。在電視機畫面色彩改變的重大變革中，電視天線也發生了重大變化。過去，天線是由三到四根鋁棒所構成，到了彩色電視機的時代，安裝在彩色電視機上的天線已有七到八根，甚至達十二根之多，尤有甚者，後來竟然有將鋁棒塗成橘紅或紅色的電視天線問世，其中的改變饒富趣味。

對天線製造商來說，把電視天線塗成橘色或紅色，只為能和黑白電視做區隔，但是對使用者來說，這個動作卻可給人「因為電視是彩色的，所以天線有顏色，或紅色、橘色的天線收訊比較好」的印象。這種色彩鮮豔的天線的確加速了彩色電視機的普及。基於比較的心理，當鄰居家的屋頂豎起一根彩色天線，自己也可能會架起彩色天線也說不定，而這時的買氣自然提高。

針對這個例子，我或許可戲謔地說「促銷要從屋頂做起」，但業者尋求商品的差異化，同時以彩色天線為訴求的作法，才是促使街坊鄰居競相購買的主要原因。相信這一點不是當時的家電製造商所能想到的，但我始終相信商品的差異化相當重要。

藉「參觀之名，行銷售之實」的不動產公司

儘管不動產公司推出休閒渡假中心和別墅區時，都會透過新聞媒體為其造勢，但成約的關鍵仍視「實地參觀之旅」來決定。對有意購買的買主，不動產公司會先集合買主一起前往，途中也有專人解說行程路線；這個動作與其說業者是在為客人解說，不如說是想一邊介紹窗外風景，一邊加強買主對沿路風景的印象。這麼做可讓買主心中產生：「如果今天我是別墅的主人，那麼我就能開著車，一邊眺望著美景，一邊享受奔馳的樂趣。」到了現場，買主的心可能早已深深被沿路風光吸引，而這正是業者舉辦「實地參觀之旅」的目的所在，也是高效率的終極促銷手法。接著我針對過去受邀診斷某大型不動產公司之「巴士之旅」無法提高成約率的實況，提出以下建議：

●實施前應確實演練。●慎選要介紹的路線（儘可能選擇沿路風景佳、交通方便的道路）。●現場的表現（即注意展示地點的方法，並提供現場周邊，有利於生活機能的館子、便利商店、餐廳、土產店、醫院、警察局和加油站等建物的配置圖）。●針對孩子（要讓孩子不感覺無聊，準備一些有趣的遊戲活動）。●善用說明面板。●準備當地的名產，以贈參加者。

藉由建議的實踐，這家大型不動產公司終於促銷成功，所有案子都銷售一空。我認為，不

管戲法如何在變，只要從細心的服務展開促銷行動，必能獲致甜美成功的果實。

於夜間進行銷售的不動產公司

不動產公司通常是在星期六、日的白天，與買主進行交易。事前業者不但四處散發新聞廣告和傳單，到了交易當天，則到處插滿了彷彿就要淹沒現場的美麗旗幟，讓人目不暇給、眼花撩亂。針對這個現象，之前某位在不動產公司營業部服務的朋友，向我提出疑問說：「有沒有什麼好方法可以吸引顧客，讓顧客親臨現場呢？」

針對他的問題，我建議交易必須安排在星期六、日兩天，但平常也可限定在夜晚做些促銷活動，其作法就像舉辦一場夜間觀摩會一般。在平日，業者可以利用黑夜，讓家中男主人看著燈火通明的（銷售）住宅全景，讓他產生若能站在這裡等待家人回來該有多好的聯想。

顧客會有如此的聯想，主要是業者點亮了門燈和玄關燈所營造出來的效果，如果能在狹窄的庭院也點上水銀燈的話，就稱得上完美無瑕了。

在不動產公司的營業部服務，加班是常有的事，當朋友照我的建議實際去做，並向他的主管報告時，營業部的銷售業績就大幅提高。也就是說，結案所需的天數（即物件銷售完畢的效率）一下子縮短了。後來，朋友的上司又和我聊起一個我從未想到的點子（他也是個滿腦子創

意的人）。他說：「夏天的時候，我可以要求所有的女性員工穿上浴袍，同時一邊拿著扇子為顧客服務。」這個想法的確比在樣品屋擺置各種生活用品來得生動、寫實。當身穿浴袍的女員工穿梭在現場，或是一邊和小孩子在花園裡放煙火，一邊起勁地和小孩子在起居室玩耍，此番情景相當具說服力。從這個例子看，改變思考方向，同時改變「原有既定的時間觀念」，也是促銷的重點之一。

把中古屋改裝成展示屋

對一間屋齡超過十年的房子，買下的公司會先針對屋內的裝潢、地板，甚至廚房、浴室和廁所等處重新改裝，並以「改裝展示屋」之姿重新呈現，同時也會向同住在這棟大樓的其他住戶介紹。

在我居住的大樓裡，就有一件房屋重新改裝

的真實案例，因此，我得以了解住戶的關心、反應和需求。每到星期六、日兩天，那全家大小，攜老扶幼一起前往參觀的民眾可說紛至沓來。

但這方式可能遭遇一個問題，即房屋改裝市場一旦飽和而不能再滿足顧客需要時，業者或許就要採取「撤走展示屋，同時物色下一個目標」的策略。我認為，這才是掌握顧客對房屋改裝需求的高明手法。

利用資料管理，掌握顧客需求

「法司特」（位於東京板橋區）是一家監督房屋改裝作業的公司，她自行調查市場，並將所得資料印在傳單上，再利用夾報方式把傳單發送出去。這份以加深讀者印象為訴求的八張大型傳單呈B4大小，它利用每天夾報的方式散發出去，同時還在傳單的最後一頁，清楚刊載東京地區所有位於區或市的住宅名稱（當然也包括其他地區），傳單上是這麼說的：「您的房屋在上面嗎？這裡介紹一百戶房屋部分的電腦資料。」由於傳單上房屋的房間圖面已轉換成管理資料，只要一通電話，告知欲查詢的房屋名稱和房間號碼，顧客就可立刻得知未來房屋改裝的情形。業者的這項服務令我佩服，它可說是一種運用資料庫管理的服務。

看到這份傳單，即使不急著改裝房屋，也會被它吸引而認真尋找自己居住的房子有沒有印在上面。如今住東京足立區的我，看到傳單也會也不知不覺地找起來，對於這種可吸引別人注意的策略，令我深感敬佩。

對使用者來說，熟知顧客房屋的一切情形、徹底研究市場，並積極與顧客交換意見的法司特公司給人充分的信賴感。從廚房、臥室、地板、牆壁乃至整個房屋的專業改建，法司特公司的表現就是那麼專業、負責。

換個想法，贏得商機

和過去不同，現在連一些政府機關也變得忙碌起來，此處指的就是日本郵政省。以往說到郵局，大家泰半會想到這是個辦理儲蓄、匯兌、小包作業和簡易保險的單位。

為了能和銀行的低利相比，郵政儲金對於利息的優厚和人員的服務態度總是嚴格把關，但此時我們也不能忽視郵局對小包作業的改變。過去用一根繩子，把包裹紮起來的小包印象，如今已大不相同。因現在的郵局都備有小包專用的袋子和瓦楞紙箱（必須付費購買）供顧客使用，所以與其說這是一件包裹，不如說是經過包裝的物品。

然而小包作業中仍可見促銷手法。過去寄件人欲寄件時，都要把小包帶到郵局去寄，但現在卻可委託郵局代為發寄。郵局裡的大量傳單，清楚標示有意購買當季名產的顧客，可直接委託郵局包裝並送達收件地址。傳單列出的項目共達二千五百項，不論是個人購買的產品或買來送人的東西，郵局只要看到顧客的申購單，就可以清楚知道東西的用途，做合宜的因應。傳單上的商品從北海道的珍味，到麵類、羊羹等應有盡有，而購買香瓜、蘋果和西瓜等水果的顧客也不少。此外，「福壽組合」、「祝長壽」、「老爺爺、老奶奶禮品」及「百才升」等等，都是與敬老節有關的禮品。當然，以「花之饗宴」為題的禮品也有，包括花朵禮盒和與百貨公司一起推出的中元暨歲末禮品。此外，郵局充分活用的「愛之禮」系統，已獲得相當迴響，使用者也在增加中。

當然，商品的交易是購買者和業者之間的事，郵局並不能從中得利。至於郵局的實際營收則來自於申購單上載明之「一般支付費用由購買者負擔」的金額及寄件人郵寄小包時的費用。

再說「愛之禮」系統還以入會的方式募集「愛之禮會員」，入會費為一千日圓。凡入會的會員，都可免費獲贈載有全國名產暨特產品之目錄（每本定價八百五十日圓），同時也可獲贈情報雜誌《愛之禮讚》一本。據說只要是雜誌刊載的商品，會員都可享受5～10%的優惠折扣。

看到這個例子，我不免想到即使郵局打出：「所有的東西都以小包寄出去吧！」這樣的廣告詞，相信小包的業務量也不會增加。也就是說，單靠廣告並不能提高業績，其致勝之道在於提高顧客經郵局訂購商品的手續費和小包郵寄費的收入，也就是「換個想法，贏得商機」。

提高附加收入之案例 其一

電氣暨瓦斯供應商是所謂的能源製造者，使用者對於家中電氣暨瓦斯的需求量，將直接影響她的業績。儘管如此，能源製造者卻不能公開對使用者說：「請盡量使用電氣和瓦斯」，因這違反了節約能源的原則。為此，日本東京瓦斯公司遂在昭和四〇年代後半，展開了一項外求策略，以打破這樣的僵局。

東京瓦斯鎖定了家庭主婦，並大肆打著：「在家中做出師傅級的佳餚」、「簡易點心作法」、「快樂的瓦斯爐料理」及「輕鬆辦場家庭派對」這樣的文宣。此外，東京瓦斯還藉由烹飪教室開啟了每位家庭主婦的做菜天賦，讓她們能在快樂的氣氛中使用瓦斯調理器具，同時品嚐佳餚的美味。

如此帶領大家一起動手做菜，也獲得「一石二鳥」的大成功。首先，業者挑起主婦們在烹飪教室使用瓦斯調理器具的興趣，促進她們的購買慾，於是，「買個新的換掉舊的爐嘴」的顧客一下子增加了起來，當然爐嘴上附有烤架。於是，當初業者想要提高瓦斯使用量的目的，就在主婦們踴躍購買調理器具的同時快速提高了。

這種手法是「以軟體攻勢推銷硬體」的成功範例，利用瓦斯器具讓公司原產的產品（瓦斯）大發利市（即消費量大增）的作法，真可謂是「一石二鳥」之計。

東京瓦斯之實例　其二

邀集家庭主婦舉辦烹飪教室，同時在瓦斯調理器具的銷售方面大發利市的作法，確實讓東京瓦斯獲益不少，此時瓦斯的使用量確實也提高了不少，諸如此類的作法，東京瓦斯還有其他例子，以下就來介紹東京瓦斯的浴盆策略。

當時，家家戶戶的浴室泰半沒有淋浴設備，於是，東京瓦斯遂以此為訴求，提出「快意的洗澡時間」、「淋浴創造快意人生」、「清晨淋浴神清氣爽」及「你關心家中的浴室嗎？」等提案型文宣也在各地區廣為流傳。此外，東京瓦斯甚至模仿今天仍然存在的紐約時報，發行《入浴時報》分送給消費者。

但是這麼做的成果究竟如何？事實上，這樣的文宣訴求和前面所說的文宣「用瓦斯爐做大菜」一樣，許多的浴室改裝作業都會碰到無法相互配合的情況，由於改裝浴室需要花不少錢，所以東京瓦斯在這方面也獲利不少。以是之故，不能和調理用器具之銷售量相比的瓦斯消耗量，當然也遽增起來。一旦打出「把握快樂的淋浴時間」或「在一只大浴缸裡慢慢享受洗澡之樂」這樣的文宣廣告，相信誰都不會在意瓦斯費多少，而會注意家中使用的熱水器或浴缸是否能夠滿足自己洗澡的樂趣。

東京瓦斯表示，公司已經鎖定消耗瓦斯的浴缸，繼續打一場「屬於日本人之浴缸」的文宣戰。

電視購物的新趨勢

「一大清早」對推銷員來說或許沒什麼，但對製作電視購物節目的人來說，深夜和白天則是他們極欲把握的時段。把一件商品，在三十分鐘的節目裡介紹完畢的節目，我們稱之為「資訊廣告」。這樣的廣告手法，在今日這個廣泛利用衛星傳送或CATV等多頻道的時代，已成為備受注目的銷售手法之一，不可避免地，有些大公司也正式進軍這個市場。以住友商事為例，一種稱作「擦亮亮」的商品（四千九百日圓）經《住友HSN指南》的一句廣告詞：「請試著把雷射光投射在塗過臘的車子上」的宣傳，竟在一個月內賣出數萬個。這個事實表示大公司也開始進軍零售業市場。繼之而起地，三菱商事也透過神奈川電視臺展開「資訊廣告」的動作。

說到這個領域，其龍頭老大當屬三井物產。三井物產與美國國際媒體公司合作，在以東京電視臺為主的二十九個頻道中，共同播放「電視電腦世界」這個每年為業者賺進一百億日圓節目。當我聽到某位關係人說道：「當初公司是把收看這個節目的年齡層設定在三十五歲以下的人口，但自播出以後，竟然六十歲年齡層的人也會收看我們的節目」，對他的說法我雖感意外，但我想這也是時勢所趨。

透過「資訊廣告」的宣傳，商品的賣況熱烈，電視公司因此向業者要求回饋，而基於互利共生的原則，商品賣得好電視公司自然就有錢賺，當然這樣的頻道也就不會少。如今像住友商社及三菱商社這樣的大公司，甚至專設一個購物頻道，且透過數位衛星播放所製作的節目「Perfect TV」。為了因應廣大的市場需求，日本朝日電視臺和日本電視臺也一步步朝電視購物的領域邁進。

打媒體戰的花王公司

說到花王公司，多半人知道她是肥皂暨清潔劑的製造商，但卻不知電玩卡帶和趣味感十足的CD—ROM軟體，也將成為花王未來的銷售產品。花王與NEC、日本IBM及富士通系之軟體公司共同合作，全力針對既有趣又實用的軟體系列商品進行銷售。

如今，花王將月產一百五十萬張CD-ROM，未來還計劃自行開發與育兒及生活相關的軟體。對花王公司來說，遍布全國的零售店、便利商店和超市等銷售管道，才是手中最強的一張王牌。據稱，透過這些通路，花王公司已開始朝向一百項軟體主題、銷售額達二十億日圓的目標邁進。

對軟體公司而言，花王遍布全國的銷售網最具魅力，因花王的銷售網可以有效地把公司製作的產品銷出去。另一方面，如果可直接利用花王公司自行開發的CD-ROM，那麼與花王的合作關係相信會有相乘效果。軟體公司亟欲拓展銷售通路的想法，似乎和想要擴大情報相關產業格局的花王公司幾無二致。

不久，花王公司製作出「高明的洗滌法」、「整髮訣竅」和「雜物收納法」等與生活相關的軟體，進而展開「從產品製造商到創造產業價值」之形象轉變策略。

受人歡迎的邦太感恩卡

現在的年輕人很喜歡收集明星卡，不論是和別人交換或到專賣店購買，他們總是想盡辦法獲得自己喜愛的明星卡，這樣的人口也不斷地增加。儘管棒球卡或大聯盟卡是引起集卡風的先驅，但邦太公司（位於東京臺東區）所推出的感恩卡卻異常受人歡迎。如名稱所示，邦太的感恩卡是一種賽馬卡，卡的背面記載了馬匹血統等資料，由於知識性十足而深獲佳評。一包十張（三百日圓）的感恩卡，未開封前任誰也不知道裡面的玄機。

賽馬這個活動在中年馬迷的推波助瀾及電玩軟體等現代產物的影響下，打入了年輕人的世界，同時也加速了邦太感恩卡的流行。如今，邦太在四月間已經賣出一百二十萬套的感恩卡。此外，據說這種源自美國的明星卡，如今大約有一千六百萬的人口收集，市場規模達到二千億日圓，甚至出現因為不容易得到，所以出現價格被哄抬的高價品（一張四百七十日圓）。以日本市場的規模看，明星卡仍只有六十億日圓左右的獲利，但是業界終究會走到五百億日圓的規模。邦太計劃花一年半的時間把這種感恩卡商品化，但是如何留住馬迷和集卡迷的心，或許才是業者決定勝負的關鍵所在。

投其所好的手表

如果你不是名牌崇拜者或是注重設計感的消費者，那麼便不難在今天的街上買到一只一千日圓的手表。在飽和的手表市場裡，如何提高顧客對商品的需求度，是個相當頭痛的問題，然而服部精工（位於東京中央區）卻能預知未來市場，並以優越的商品策略打破僵局，同時獲得業界的滿堂喝采。服部精工是精工集團中的時鐘製造公司，該公司推出的新產品「阿爾巴・湯匙」如今是爆炸性大賣。這種以年輕人為主要消費群的數位手表，其設計手法也稱奇特。首先它打破過去時鐘的設計概念，而把鐘面設計成橢圓型，加上湯匙造型的時針尖端也稱奇特。

負責引進這種商品的人分成兩派：一派認為「這種商品一推出，就會被市場所排斥」而力阻販售，但另一派則持相反看法，認為反正就賣賣看嘛！

探究後者成功的背後，知道這是他們努力研究商品市場的結果。首先，他們把目標鎖定在高中生和大學生，利用多次對談的方式蒐集資料。透過這樣面對面的徹底訪談，研究人員清楚知道現代年輕人喜歡怎樣的設計感及他們的行動模式如何。於是，研究人員得知年輕人追求的是「動的感覺、動的文化」，也就是說，冬天戴上手表要有滑雪運動的感覺，夏天戴上手表要有滑水的感覺，這樣的感覺正是阿爾巴・湯匙手表的靈感之源，服部精工的例子可說是「追求自我，擺脫傳統工匠之設計手法」而獲致成功的最佳範例。

如今，服部精工每年可以賣出八十萬只手表，堪稱業界翹楚，因為一般而言，手表一年的銷售量如果達到十萬只就已稱奇了，更遑論她的成功是那麼奪目耀眼了。不僅如此，服部精工還推出更多款式，市售產品竟多達三十四種大小或顏色不同的款式。對年輕人來說，手表已是流行的象徵，或許未來年輕人會動手蒐集所有與手表相關的系列產品也說不定。

即使在這個處於飽和狀態的市場裡，服部精工卻仍以設計策略席捲了整個市場。

富士與柯達的底片戰爭

之前日本的富士軟片和美國的伊士曼・柯達公司，曾經為媒體相關人員使用因亞特蘭大奧運炒熱的五朵花瓣的富士軟片一事，鬧得不可開交，戰況可謂越演越烈。

以往，柯達公司總是以贊助者的姿態贏得底片銷售市場。她運用特權加速對勢力遍及運動界的富士軟片公司展開攻勢。首先，柯達將全球的媒體相關人員的意見彙整起來，並集其優點製作成一張底片，同時也在Media Presenter（MPS）中，設置了顯像所，以提供免費的顯像服務。對於攝影人員，柯達也免費提供由公司自行研發生產的顯像底片。當然，富士的底片自然無法在柯達的顯像所使用。據估計，柯達公司免費提供攝影人員的底片，可能多達十七萬五千張。此外，在分店的設立、營運上，柯達亦投注了大筆的促銷費，同時招待來自全球各地從事攝影相關工作的四千人。在閉幕典禮中，柯達公司甚至提供九萬五千個加裝了閃光燈的相機，上演了一齣「光之網」節目。當然，日本的富士軟片也不甘示弱的在MPS附近，同樣設置了該公司自行研發的免費顯像所。但富士的顯像所不像柯達作法，只對柯達底片的使用者進行服務；相反地，她不計廠牌地，對所有使用其他廠牌底片的顧客也提供顯像服務；這是因身為世界杯足球賽贊助者的富士公司，即使在足球賽舉辦期間也不會拒絕顧客使用其他公司的底片，而依然對所有顧客提供服務。

這場富士與柯達的「五朵花瓣的底片戰爭」，似乎讓彼此結下樑子，而日本富士也在一九八四年間開發出一種人稱「玫瑰五瓣」的底片。於是，為因應富士的新品，柯達又出新招，她在比賽會場旁邊，不時地把飛行船飄上天去，藉以達到空中宣傳的效果。

一九九二年的巴賽隆納奧運會讓柯達的優勢大逆轉，這次是由富士公司每天把飛行船送上天空以達到宣傳效果。到了九六年亞特蘭大奧運，就沒有任何對手可以和富士軟片匹敵了。在亞特蘭大奧運尚未開賽以前，當時仍有歐美廠商贊助的富士軟片公司，已在九五年先行邀約美國短跑名將卡爾・路易士等多位知名選手，進行了一場人稱「美國陸上一百周年」的紀念賽，這是亞特蘭大奧運前的熱身賽，也是令柯達公司感到氣結的強力促銷手法。

開創話題性的候車室策略

某天，當我走在東京的銀座區，站在車商的展示間前面，竟發現一個有趣的現象。展示間裡到處擺滿了造型可愛的布娃娃，並寫著：「猜猜看這裡有幾隻小狗布娃娃？請將正確答案寫在名片背面，並投入櫃臺前方的投票箱裡。」平時忙碌的我，看到此番情景心想實在有趣，於是停下腳步猜猜看。然而，題目中並沒有說明布娃娃會放在哪裡，有些是放在明顯的駕駛座或屋頂上面、有些則放在目錄架或花盆之類較隱密的地方、又有些是堂而皇之的放在櫃臺上、有些娃娃還不只是一隻，而是親密地抱在一起的兩隻。

努力數著布娃娃的人，都把自己的答案寫在名片背面並投進箱子裡，但業者公布答案的作法卻令人咋舌。業者表示：「只要將口中銜有您名片的狗娃娃拿到櫃臺，這只娃娃就送給您」，但條件是必須出示與娃娃口中相同的名片才行。

這輛車子的展示間位於銀座八丁目的亞納洗經銷商，儘管我不認為透過這種手法，業者可以賣出幾輛賓士車，但不可否認的，企業的形象與顧客對車商展示間的認知度，一定更加深刻。

亞納洗經銷商的目的，是意在引起別人注意，同時引發話題性自我介紹的「展示間策略」，這不但獨特同時也頗具趣味。

動搖大關王座的清酒戰爭

人稱「一杯大關」的日本酒，已成為淺嚐即止的饕客心中的最愛。如今日本酒的市場，已在各清酒製造商加強便利商店的銷售力後越演越烈。

首先改變的是，以往一百八十毫升（一合）的主流市場，一下子投入容量二百毫升的商品市場裡，號稱占這個市場三成的最大製造商大關，在市場導入了容量二百毫升的「一杯別味」（酒名）。

接著占二成銷售力的月桂冠，也把過去的「THE CUP一百八十毫升」增量為二百毫升，並以「THE CUP200」之名推進市場。月桂冠推出的「THE CUP200」，不但是月桂冠預測公元二〇〇〇年，日本政府將下令撤除酒類之自動販賣機所做的事前因應，同時也是一種「以掌握便利商店之新消費者消費動態」的策略商品。在價格上，月桂冠將「上饌」定在二百二十日圓，

「佳饌」定在二百日圓。因為這個新產品，使月桂冠九七年的銷售額比九五年高出三倍。

對此，居酒品界之冠的大關也有所因應，推出了售價一百八十日圓之「更覺特別（酒名）」的市售商品。這種占一成銷售量的酒，在今年也讓業者比起前年的同期增加了13%的銷售量，於是日本酒的商戰就這樣不斷地上演。

製造商「白鶴酒造」也開始販售容量二百毫升的「愛爾杯」等六種酒品，至於「澤之鶴」與「白鹿」這兩家製造商也把過去的商品增量為二百毫升。更甚的是，黃櫻酒造也繼之傚尤起來。然而，便利商店的促銷能力畢竟有限，製造商必須在商品名稱和酒瓶的造型上多下功夫，才能開拓更大的酒品市場。對年輕人來說，和LKK一樣喝酒的感覺並不好受，業者若不思積極創新品牌、造型，如此便真的會失去年輕消費者的支持。

以音樂釀酒的黃櫻酒造

您可能聽過，播放莫扎特的音樂可加速溫室番茄的成長，並增加番茄美味的例子，接下來要談的例子也有異曲同工之妙。

位於京都市的「黃櫻酒造」（酒品商）已推出放音樂來釀酒的商品，其製作方法稱為「音響

釀造」，品名稱作「吟之響」。黃櫻酒造播放的曲子是像搖籃曲那樣慢節奏的音樂，每天放三次，一次大約播放四十五分鐘。不但如此，演奏樂音的樂器也稱高級，據說這種樂器還是全球最具知名度的「史特勞斯小提琴」，演奏者都是一些日本知名的小提琴家和大提琴家。過去有人把麥克風放在已釀好酒的酒糟裡，但黃櫻酒造的作法卻是在酒糟還是水的狀態下，就先把麥克風放進去，以便在釀造過程中直接放音樂給酒聽。

若問這種利用名樂器史特勞斯小提琴演奏釀造出來的酒，果真是佳品嗎？據黃櫻酒造表示，在相同的條件下，品嚐有聽音樂和沒聽音樂的酒後可知，有聽音樂的酒真的比較香，氣味也較獨特。此外，和其他樂器相比，共振效果較佳的史特勞斯小提琴或許可讓酵母的活動更加活潑，而這可能也是聽了音樂的酒比較好喝的原因之一。

但容量七百二十毫升的「吟之響」的希望零售價卻稍微偏高，售價約為二千五百日圓，目前業者已限量出售一萬瓶。面對人稱「日本酒已經遠離」的市場，黃櫻酒造的作法是藉由商品策略一賭勝負。

結合環保題材提高銷售量的寶酒造

「寶酒造」（酒品商）在昭和54年新發售了一種名叫「純」的燒酒，對這種新品，業者希望能將銷售網擴及北海道地區，因北海道當地的製造商與合同酒精幾乎獨占了整個北海道市場。當寶酒造正認真思索著未來要如何打進北海道市場時，很幸運地，當地展開了一個人稱「把鮭喚回札幌的豐平川」的市民運動，寶酒造充分掌握此有利訊息，並決定動員整個公司的力量全力支援這個運動。因這正是把「酒和鮭魚」結合在一起的好時機，至於寶酒造也對此運動進行資金援助，透過廣告媒體向北海道全境的廣大民眾大大地介紹一番。

過去北海道的市場只見「純」這個商品，如今打著「鮭魚回到豐平川吧！」的廣告詞和鮭魚的插畫都在北海道的媒體上亮相，並成為市售商品呈現在消費大眾面前，這是寶酒造的大成功，也是她策略運用成功的驚人之處，這一點從其銷售量的增加便可知曉。過去，寶酒造每年銷往北海道的出貨量不過是三萬箱，但經這次的「鮭魚運動」後，其出貨量竟高達到七十萬箱。

在這種限地促銷的策略中，寶酒造巧妙利用了當地居民對這塊土地的情感，並把焦點鎖定在環境問題上，如此的作法只能用高明來形容。

以下附記與本項相關的其他業界的實例。

- 龜甲萬醬油在千葉縣野田市清水公園舉辦的「暑假母子大團圓」
- SUNTORY舉辦的「野鳥保護冠軍」
- 日本馬主協會聯盟舉辦的「京都歌劇聲樂演唱會」
- 可口可樂舉辦的「Keep Japan Beautiful-champion」

以新品為支柱的寶酒造

因燒酒「純」和「罐裝丘海」及清酒「松竹梅」知名的寶酒造，在平成年間一片不景氣的市場中仍然屹立不搖，利益不斷提高。雖然寶酒造的好景況和市場環境也有關係，但諸如「罐裝丘海」那樣的熱賣商品似乎已成為支持寶酒造業績的主力商品。儘管一九九四年日本政府加重了燒酒稅，但當時挾其爆炸性買氣的「罐裝丘海」卻支撐著九五年度的決算。到了九六年，日本政府對其主力商品「罐裝丘海」所抽的稅，已比前年減少了5％。這雖然是平時的賣況，但「四十系列」的銷售量卻已滑落，因新商品的銷售量，幾乎是整個業績的主力。此外，雖然未來燒酒的稅率也會提高，但是據寶酒造表示，將來會推出以健康為導向如：「磨碎的蘋果」等類的商品，而藉由新產品的推展，寶酒造未來將做生化領域的先鋒，一賭在這個領域中的成功或失敗。

這裡所說的先鋒，即寶酒造從未涉及過的基因工學研究的生化領域。寶酒造預定，未來的銷售結構將是77％在酒類，23％在生化，最後難挑大樑的酒類也將為強大的生化品銷售力所取代。在基因工學試驗市場中，寶酒造有20％的自信認為，可在這個領域位居龍頭，並獲得不錯的輸出力。

以超級飲料取勝的巧妙戰術

一直君臨啤酒業界、居市場龍頭地位的麒麟啤酒，如今也棋逢對手遭遇到困境。不用說，帶給麒麟威脅的就是朝日啤酒「超級飲料」對其所展開的攻勢。最近，朝日的「超級飲料」在商品的銷售量上已經超越麒麟的「拉雅」啤酒。分析情勢轉變的背景可知，朝日啤酒基本的促銷手法，是最耐人尋味的地方。

近年朝日的「超級飲料」已成長了二位數，至於對手麒麟則只成長了一位數，但這樣的成績還不能比出高下。仔細分析，可知朝日的市場銷售力（即確實分析市場需求的商品開發能力）

優於麒麟，這便是朝日打敗麒麟的主要利器。

對我來說，喝了十數年，算得上是麒麟忠實客戶的我，推測朝日後來居上的原因，可能是麒麟啤酒中特有的苦味，並不投現代人所好的緣故。雖然我以為「超級飲料」要像麒麟啤酒那樣，但現代消費者的嗜好已改變，大家期待的是爽喉的口感而非苦澀的味道，我想這就是朝日啤酒領先市場的重點之一。此外，朝日在宣傳、商品構成與營業力方面的努力也不容忽視。

就宣傳而言，朝日透過廣告媒體大肆宣傳，至於麒麟則未展開這樣大手筆的動作。再者，朝日啤酒在酒瓶、酒罐等商品開發上所做的努力也不是一直堅持酒瓶造型、同時大量（60％）以酒類專賣店和飲料店為配銷管道的麒麟所能匹敵的。在超市等商店如雨後春筍般快速增加的當兒，麒麟堅持如此的經營策略恐怕並非良策。

此外，朝日動員全體展開的「新鮮管理運動」，也是不可漠視的商品策略之一，該運動的訴求是「保證店裡的貨，都是新鮮的啤酒」。過去消費者在店裡看的貨，都是十天前出產的成品，如今朝日控管得更嚴格，保證架上的貨都是八天前出產的新鮮品。適量地出貨，也是控管新鮮度的一大前提，因此，從產銷情報進而到天氣預測，朝日啤酒掌握了一切有利生產的資訊。

最後要談的營業力也是讓朝日如虎添翼般茁壯的原因之一，雖然已有大型酒店的經營者光臨，但朝日啤酒還是受到總務部長的青睞，讓他們大駕光臨、前仆後繼地爭相購買。「地區密著型」是朝日的經營方針，而讓24小時站崗的營業員人手一臺電腦的作法，已成為快速掌握市場及商品情報的強力武器。

一百五十日圓啤酒的攻防策略

位居啤酒界第四名的SUNTORY啤酒，如今企圖以新品「超級希望（Super Hopes）」來扳回頹勢。這種新品無論在包裝的設計和味道上都和啤酒無異，但是價格卻大幅降低不少。其一瓶的價格為一百五十日圓，是容量規格與一般三百五十毫升瓶裝啤酒一樣的發泡啤酒。

所謂發泡啤酒基本上就是一種啤酒，其分類標準係以所使用的麥芽比例而定，這樣的分類是與日本政府所抽的酒稅有關。

此外，SUNTORY啤酒花費了不少時間來將「超級希望」商品化。首先，她召集了許多其他品牌的消費者，不斷針對不同品牌的啤酒口味進行測試，至於測試結果也鼓舞了SUNTORY團隊的士氣，讓他們對自己的製造技術更具信心，因為結果顯示「超級希望」的味道和其他啤酒比起來毫不遜色。

繼SUNTORY之後，札幌啤酒也推出一種新品「德拉夫茶」（音譯名），但目前「超級希望」的出貨率和「德拉夫茶」相比，仍以六比四的比例居於優勢。其所占優勢究竟多大，這一點從

「超級希望」今年的出貨量比九五年提高286％的結果清楚可知。

然而，受市場歡迎的發泡啤酒卻招來日本大藏省（相當於我國的經濟部）的注意。也因而促使大藏省決定大幅度提高以65％麥芽比例作原料的發泡啤酒的課徵稅。至於稅金一旦提高，「超級希望」的價格自然不得不隨之調整。但SUNTORY卻不打算提高售價，而以自身擁有的技術力來因應。也就是說，她開始向「降低麥芽的使用比例，同時保存商品原味」的目標挑戰。歷經研究SUNTORY終於發展出一項新技術，並製造出降低麥芽的使用率，同時亦保有「超級希望」原有風味的商品。

像這樣，打開發泡啤酒的銷售市場，接著以研發技術來維持商品價格的作法，堪稱SUNTORY啤酒了不起的商品策略。相信消費者一旦產生「物超所值」的感覺，那麼「超級希望」未來也能繼續拔得頭籌，立於不敗之地。

進出烤丸子生意的吉本興業

吉本興業以連鎖經營（FC）的模式展開烤丸子的事業，並在大阪市的天滿橋成立一號店，今後也要在超市麥可集團的店舖裡設立直營店。該店名稱叫「章魚林」（意譯名），每十二個一盒裝的烤丸子售價五百日圓，沾料是甜甜的醬油。吉本興業今後也計劃增加加盟店的數目，在中京地區、日本的中國、九州，甚至關東地區都計劃設立。或許吉本會涉入這個行業，是因她對銷售在行的緣故。

針對吉本興業這個話題，我還要介紹另一個特殊的例子。位於東大阪市的米穀卸貨商「日新食糧」，在自己販售的米糧包裝裡，內附吉本興業擅長的插畫，業者利用向來以搞笑受歡迎的吉本興業為自己的產品作宣傳的策略。目前消費者可在近畿地方的家電用品量販店或購物中心等處看到這種商品，其品牌名稱為「正中央」（意譯名），係山形縣庄內出產的米，其十公斤裝的賣價為四千八百八十日圓相當合理。

對於米商說，自日本政府實施「新食糧供給價格安定法」後，各家商店都可賣米，因而造成米商間的競爭越趨激烈。這麼看來，米商未來要如何利用吉本的知名度促銷包裝米，其間的過程恐怕有待考驗。

對三十名學生展開DM攻勢的利庫特

「利庫特公司」（音譯名）目前握有大約一百萬名學生的資料，利庫特根據這個資料，已成立約由三十萬名學生所組成的學生組織，同時展開「直接市場服務（direct marketing service）」的行動。

該組織名稱作「Club Seagull Campus」，申請入會時，必須在申請單上描述自己的生活，並填寫自己的興趣和所關心的大事或有無擁有電腦等資料後傳回公司。入會時無須入會費或年費，據說入會會員每年有二、三次的機會，收到裝有許多商品情報或商品目錄的袋子。

一只袋子提供了大約三十家公司的商品情報，這當然能比其他企業單獨發信傳遞商情的作法省下不少經費。會員有時還會在這只袋子裡，收到由餐廳、小吃店、娛樂設施和慶典主辦單位所提供的優待券或折扣券，而利庫特也在中間夾帶了設計好的問卷，展現了「減少市場調查時的開銷」的優點。此外，利庫特公司還透過網路，設立了一個「Club Seagull Campus」網站，以便為會員提供資訊。根據推估，利庫特以號稱獲利二兆日圓的學生市場為直接市場的作法，每年已經為該公司賺進了十億日圓。

結合外資，發展會員制的新型銷售系統

說到郵購，其方法可謂琳琅滿目。在美國快速成長的新型郵購大商CUC國際（位於康乃狄克州）將與日本的三菱商事和Uni公司共同合作，開拓新型態的仲介事業。其所提供的商品情報從家電，到衣物、旅行服務應有盡有，對象之廣是該事業的特徵所在。其作法是對會員提供目前無法在市面看到的二十五萬種商品，提供大量的商品資訊，會員可以透過電話或者網路直接

訂購。當訂購的動作完成，公司就會經由系統通知製造商或轉賣商，直接把貨送到消費者手上，所以業者本身不會囤積庫存品，因只做仲介便可大幅降低經費。儘管美國的CUC國際公司目前已擁有六千萬名會員，但面對迎接網路時代來臨的日本，相信CUC也會積極與三菱商事和Uni公司商議共同合作的事宜。

至於展開內容，將構築二千家左右之經銷商或製造商的商品情報基礎，並對消費者（會員）提供這項情報。選購商品時，只需一通電話或上網查詢，消費者就可獲得最低價格的商品資料，做為選擇時的參考。

和美國CUC共同合作的公司稱作「CUC日本」（位於東京・港區），其資金來源係由Uni公司、三菱商事及電視出租公司Culture Convenience Club和人力資源公司帕索納提供。CUC日本預計將會員每年的年費從三千日圓提高到五千日圓，而透過網路的新銷售系統也受到矚目。這種美日雙方的合作案目標是吸收三百萬名會員，並締造每年一百億日圓的銷售額。

「冷凍外送服務」的熾烈爭戰

說到冷凍外送服務，「大和黑貓」可說獨霸了這個市場，然而這個市場卻在日本通運和郵政省加入後，發生了激烈競爭，因為，日本通運和郵政省竟採取降價攻勢與大和黑貓相抗衡。

一般來說，如果外送項目包括冷凍品，業者當然會額外收費，但是為了打擊大和黑貓的地位，日通遂採取大幅降低額外收費的措施。由於冷凍品的體積多半不大，因此日通決定把超過五公斤以下的外送價，從過去的三百~四百日圓降到一百五十日圓。然而，面對大和二百一十日圓及郵政省一百九十日圓的價格，日通的作法可謂劃時代的創舉。

據稱，外送市場每年都以接近8%的比例成長，總個數大約十四億。即便如此，冷凍品外送事業在PL法實施後，目前已呈急劇擴大的狀態，其中以日通採取的攻勢最引人注目。她購買備有保冷機器的專用卡車，並裝設了保冷航空容器等特殊裝備，以滿足顧客的需求。

此外，公家機關郵政省也不甘示弱地，打出：「把美味送到家」的廣告詞，同時聘請名廚為主角，利用電視媒體大肆宣傳，並計劃除了東京、大阪等十八個都道府縣外，今後還要將服務範圍擴及至全國各地。對於日通的降價行動，大和黑貓似乎尚未找出因應對策，但無論如何，冷凍品外送業爭取客源的戰爭似乎已經越演越烈。

看好農業電腦化的富士通

無論今日科技多麼發達，但我相信把農業和電腦聯想在一起人一定不多。當我首次聽到這兩個名詞擺在一起的時候，心裡確實感到有些奇怪，但仔細探究箇中原委才知，這也是企業改變策略的作法。

如今，日本富士通成立了一個新部門，目的是把電腦普及至每個農家，該部門稱作「翌檜營業部」。富士通預測，西元二〇〇〇年電腦會普及至60％的專業農家；而其他農家也有超過40％的比例擁有電腦。而儘管在農家數目已經減少的情況下，農家對電腦的需求量也有大約一百三十萬臺，富士通似乎也已踏進了這個包含軟體在內，市場規模可達一千億日圓的階段。首先，她在三年內銷售了十萬臺農業用電腦，並計劃透過網路為農家提供農業情報。

過去有極少部分的農家會使用「結果分析型」軟體，藉由電腦來作農業簿記或農作日誌等，但富士通卻在把眼光放在未來，認為今後朝機動性經營目標發展的農家，對於電腦的需求將更為殷切。因為透過電腦，肥料或水的管理可達到自動化，氣象資料和蔬菜的市場變動情形也可事先預測，至於農家出貨的最好時機更可透過電腦來掌握。

另一方面，位於宮崎市的軟體開發公司IBC，也在網路的首頁中明示氣象情報、交易的狀況、病蟲害的預測及土壤情報等等。雖然農事作業的硬體已經機械化，但軟體方面也會因為電腦的普及而走向機械化時代。

以賀龍技術獨霸市場的塔卡拉標準公司

對住宅設備機器製造商來說，住宅施工件數會直接反映公司的業績。但是，塔卡拉標準公司卻可擺脫市場的波動而立於不墜之地。

受到平成年間不景氣的影響，當時住宅施工件數的案子確實低迷。與同業Sun Web和Crinap的負成長相比，只有塔卡拉年年維持5%以上的成長率。若問原因為何，就是那堪稱世界第一、同時令公司都感自豪的賀龍技術。因其技術帶來的品質優越性，已受到廣大消費者的熱烈支持。

以往說到賀龍，就會讓人聯想到洗臉盆或鍋子等器皿，但自明治四十五年起，塔卡拉公司遂著手研究賀龍技術，從此以後，「賀龍就是塔卡拉」的說法便流傳開來。所謂賀龍，是一種在鋼板上外加一層玻璃質的材質；和木質製品相比，這種材質既堅固、觸感又好，而豐富的色彩感也予人豪華的質感。

賀龍的開發可說是塔卡拉不斷研發的成果。賀龍系統的廚房與浴室之所以受歡迎，也是拜此技術之賜，其意義稱得上是擁有八十五年歷史的塔卡拉標準公司最具代表性的成就。若從該公司的銷售構成比來看，系統廚房等廚房設備約占56%，雖然系統浴室等浴缸設備已經達成30%左右的銷售比，但近六年的實際業績卻顯示，廚房機器的營收增加了45%，而系統浴室等浴缸機器之相關產品，已經增加了88%的銷售額。

除了活用「以量制價」的優勢外，塔卡拉標準公司也積極成立能讓消費者親自感受賀龍質感的展示間，而廣布全國各地一百七十個場所的賀龍展示間，其數量之多也是其他同業的倍數以上。

蓋起寺廟的大建設公司Fujita

對於大建設公司Fujita的多元化經營，在我看來也夠炫了。除了本業以外，如今Fujita也做起了卡拉OK、酒店、餐廳、Piano Bar、花店等生意。

事實上，新領域的開發是崩毀的泡沫經濟所促成的結果。由於各處再開發事業的中斷，所以Fujita建設遂活用遊樂休閒地來開發新的領域。

這次Fujita建設竟蓋起了寺廟。雖然建築她是在行的，但Fujita建設要蓋一間寺廟卻令人訝異。該寺廟位於東京港區元麻布的「麻布淨苑」。由於寺廟係仰賴宗教法人單位而建，因此Fujita建設就把土地賣給了於東京開山的傳燈院，並由Fujita負責興建，同時販售納骨塔。在都市中心墓地嚴重不足的現況下，Fujita建設的作法尤其引起注意。傳燈院供奉的雖然是曹洞宗，但麻布淨苑卻不論宗旨、宗派一律供奉。使用期間納骨供養為五十年，接著就變成永代合祀供養，遺體一具的永代供養費為七十五萬日圓，二具為一百二十萬日圓，至於每年的管理費則是二千日圓，納骨塔中可以容納一千二百具遺體。因麻布淨苑位於都市中心，對掃墓者來說不但方便，且麻布地區還是一處寺廟多達七十幢的寺廟市街。在麻布淨苑裡，Fujita建設把骨灰罈安置在納骨堂中，待悼墓者前往弔唁時，和尚就會抱著骨灰罈出來供人祭拜。

Fujita 建設利用既有的土地興建寺廟，以拓展客源的策略，實在令人佩服。此外，計畫成立的錄影帶暨CD出租店、書店等同樣令人括目相看。

因應市場需求大興齋場

過去喪事多半是在家裡舉行。當家裡有人往生，喪家就必須張羅弔唁者的吃喝或準備告別式要用的供品等等。由於習慣的改變，現在絕少有人會在自己家裡舉辦喪事，多半利用齋場來辦理，所以齋場業的市場如今表現得相當活洛。

以橫濱開幕的「新橫濱綜合齋場」為例，這是一幢地上六層、地下一層的齋場，是日本首都圈裡規模最大者。其基地位於距離東海道新幹線新橫濱車站徒步五分鐘的位置，交通非常方便。齋場的大廳就像飯店的大廳一樣寬廣，而弔唁的行列還可享受免費的咖啡招待。四間式場（作儀式的場所）都備有完善的住宿設施，可供所有家屬和弔唁者守靈之用。

大型的葬儀公司公益社（位於大阪）如今在關西擁有九個齋場。拿最近開幕的「岸和田會館」（位於大阪府岸和田市）來說，這是一幢擁有二間式場、電視螢幕和專案用錄影設備的高科技齋場（地上四層，地下一層）。透過這些高科技儀器的播放，追悼者還可重見昔人的倩影。東京葬祭（位於東京江戶川）也積極建設齋場，這次於神奈川縣大和市開幕的齋場，是一幢擁有三間式場的建物。而發行中古車情報雜誌的Proto Cooperation（位於名古屋市）也涉入了這個領域。除了豐橋市外，Proto Cooperation也計劃在岡崎、安城和豐田等地成立直營的葬儀社。

隨著核心化家庭的普及，人們居住的型態以公寓居多，因此和街坊鄰居的來往也變淡了。或許在這種背景下，利用齋場辦理喪事的人會越來越多，而且加入這個領域的企業也會增加也說不定。

日本信販展開低利葬祭信用

如今，喪葬所需的費用有逐年增加的趨勢。一般最低的喪葬費也要二百到三百萬日圓，而且常是以現金支付。如果要等保險公司把喪家辦喪事的錢撥下來，可能至少要等個二～三月。

因此，為免喪家臨時湊不到錢，日本信販新推出一種「葬儀信用」的商品（稱作「Memorial Total Package」），這是日本信販與葬儀社的中堅業者杉本（位於東京文京區）的合作案，其最高可貸五百萬日圓，並接受年齡在20歲到65歲的遺族人口辦理。若還款最長年限為五年（分為六十次）的話，那麼就要花年利率6.9％的手續費，這其中包含了葬儀所須的一切費用，如式場的設置到供應會葬者餐點等等。

與日本信販共同合作的杉本，是一家創業九十餘年的老字號葬儀社。每年創造大約十億日圓利潤的杉本，如今已嗅到「葬儀信用」所得的利潤將會提高。

在信用貸款界，不乏有企業攜手合作，共創市場的例子。例如住友銀行之東京綜合信用和大型葬儀公司公益社的合作案、阿普拉斯與公營社的合作案都是。但這兩個合作案都把手續費訂在10％以上，反觀日本信販卻把手續費的利率壓低在6％，這種作法應該可以為她開闢更多的客源。

無論如何，對一下子拿出一大筆錢辦喪事的喪家來說，這種「葬儀信用」的服務仍是不可思議。

推出成套的墓地經營法

當人生走到盡頭，你知道哪種行業會去關心嗎？您或許不知道，往生大事就是墓石業界所關心的。

儘管墓石業起步較晚，但卻有業績年年看漲的公司存在，其中位於東京都杉並區的Nichiryoku（音譯名）就是一例。在墓石業界裡，不乏經歷三、四代店東經營的老舖（石屋），然而Nichiryoku從社長到全體員工無一不是墓石業界的老手，所幸這個由老手組成的團隊沒有被時代所淘汰，反而在這個領域掀起新的旋風。

現在的墓石業者已不像過去那樣拜託客人購買，他們是抱著「不卑不亢」的心理向顧客推銷。而Nichiryoku正是抱持這種心理，並以獨自的營業力積極地開拓市場。

Nichiryoku是一家於一九八〇年開始在超市布點，以販賣墓石的特殊公司，她在靈園的銷售上也獲利頗多。某些靈園業者若是靈園滯銷了二年甚至三年的情況，只要委託Nichiryoku，一年之間很快就賣出去了。其銷售快速的竅門相當單純，只是把墓地和墓石成套地賣給顧客而已，這種手法和所有賣房子的建商一樣。

不只是土地（墓地），特殊的地方在於連墓地上的墓石都一併賣給顧客。因為是由工場製造，所以無須聘雇身懷特殊技巧的墓石匠來打造墓石，因此成套賣給顧客的墓石價格要比一般便宜個二到三成。當顧客下訂，工場製造完成墓石後，卡車就會把墓石載到墓地，然後用吊車把墓石吊起放在選定的位置上，這樣就完成所有的動作，也就是完成了墓地的施工。

更甚的是，Nichiryoku展開的營業攻勢也不容忽視。她改變了過去只發傳單，靜待顧客上門的作法，而以主動出擊的方式，把電話當作開拓市場的策略工具。也就是說，她設置了一條專門為顧客服務的電話專線，據說利用這條專線談成的案子超過十萬件。在Nichiryoku每年可賣出二千座基地的現況下，若以此步調繼續發展，相信只消開發那些潛在客戶，Nichiryoku再經營個五十年也並非不可能。

相信，Nichiryoku這種將過去經驗轉化成符合現代所需的銷售手法，也可為從事其他業種的人士略盡參考之力。

向銀髮事業進軍的企業實例（硬體篇 其一）

日本面臨到高齡化的問題，據說不久後每四個日本人當中就有一位65歲的老人。面對現在的銀髮事業，有不少製造商摩拳擦掌地想要開發這個事業。

首先明白表示將參與這個事業的是，大型住宅設備機器製造商日立化成工業和TOTO這兩家公司。拿日立化成工業來說，其開發的商品單元浴室（Unit bath）就降低了浴缸的高度，以利使用者進出浴缸的方便。此外，日立化成工業更考慮到使用者入浴時的安全，而在浴缸裡面加裝了「手把」，至於浴缸的底面和淋浴時所站的位置，也都使用防滑材質以免使用者跌跤。還有一項最新產品，就是日立化工在浴室入口增設了三扇活動窗戶，讓使用者可把三扇窗全部打開，以方便輪椅進出，這些都是日立化工「貼心設計」的商品。

藤澤藥品的居家醫療事業部，已著手展開出租氧氣吸入裝置的事業，另外，家電量販店的龍頭貝斯特電器也賣起並做起輪椅出租的事業，而法蘭斯床（France Bed）也著手製造並銷售自己研發成功的老人用睡床和輪椅等產品。

另一方面，建設公司也積極因應市場需求，以期製造符合市場需求的商品。「生涯住宅」就是建商針對高齡人口所設計的特殊住宅，玄關臺階的落差變小、室內的長椅也變得更符合駝了背的老人來坐、門設計成自動門、階梯設有扶手及坐著就能上樓的家庭手扶梯，這些標準配備都已規格化。三井Home現在也開始興建因應高齡化社會的實驗住宅，並彙集實驗所得的資料。令我驚訝的是，實驗住宅裡竟設計了一種坐在輪椅上就能作菜的廚房，其中照明、空調等開關式的機器在這個廚房裡一應俱全，同時都集中在一個角落，或許重視「無障礙空間」和「全自動化」之生活機能的觀念，已漸漸深植在人們心裡。

向銀髮事業進軍的企業實例（軟體篇　其一）

企業關心的層面已經觸及老年人的看護方面。

大型保全公司Secom透過電話實施的健康管理服務，是一種在自己家裡設置專用裝置，並將血壓及心跳脈搏數的測定資料傳送到公司，以便讓使用者不用出門就可接受診斷的服務，這種服務稱作「My Care Service」。由於使用者的資料已記錄在IC卡上，所以使用者可長期利用該服務作自我健康檢查。

位於岡山市的教育相關產業貝涅塞公司（音譯名）也在首都圈中心，為消費大眾提供24小時的看護服務，從家事到入浴、飲食和醫療方面所提供的服務範圍極廣。

若問這個領域的大型專案有哪些，當屬大阪瓦斯的分公司所展開的「活力生活」專案。此外，該公司也進行專為癡呆老人所提供的「活力生活學園前」專案，並對建築高齡者住宅的建設公司提供諮詢。明治生命也邁入了看護事業這個領域，她以公司的保戶為對象，提供各保戶在所設置的每個據點，都能透過電話向公司派遣的護士，作24小時的諮商查詢。此外，明治生命也開始做起福利機器和看護用品的銷售事業。

接著談談有關看護的情報。大型清潔公司花古佩（位於東京港區）特別鎖定上年紀的人，對他們展開「Moody Service」的連鎖服務。對於平時簡單的打掃工作，公司是委派二位工作人員進行，若是清掃房間，那麼每清掃一平方公尺就收七十日圓，其收費雖然不高，但清掃的區域如果是麻煩的廁所或廚房，那麼清掃一次的收費就是八千日圓。如今，位於神奈川縣茅崎區的莫利梅得，已為那些家中有臥病老人的家庭，提供代為清掃的工作。

此外，「看護食品」的事業也登場。以Medical Foods Japan（位於東京千代區）為例，她是以醫療機關為銷售對象，如今更透過藥局把看護食品賣給一般的消費者。看護食品多以流體食物居多，如慕斯和粥品等等，但是為糖尿病患者所設計的低卡食物也包含在內，透過與一百四十家藥局的合作，如今消費者已經能在商品陳列架上看到這些食品。

根據日清基礎研究所表示，二〇一〇年因久臥不起而必須加以看護的65歲以上高齡者，將達到三百七十五萬人。這樣的預測，對今天已有五兆日圓市場的看護業來說，西元二〇〇〇年躍升到六兆日圓的市場規模的願景，應該是可以期待的。

向銀髮事業進軍的企業實例（軟體篇　其二）

保險公司終於也踏進了看護事業這個領域。如前所述，除了保險外，隨著看護之相關保險商品的問世，明治生命遂也做起服務事業。

以三井海上火災保險公司為例，她為所有加入「Well（看護費保險）」和「BIGWELL（積立看護費保險）」的保戶，提供專門的諮詢服務。這項服務的施行對象，同時也包括非保戶本人之家族中需要看護的人。

東京海上火災保險則是設立專責的分公司「東京海上Better Life Service」，並提供居家看護服務，以便規劃或達到經營老人家庭的目標。另外，安田火災海上保險則是透過「SARA」系統，為客戶提供所有看護情報的檢索服務，讓每位客戶都能透過看護問題的諮詢和對銀髮服務事業的了解，獲得有關政府機關推行之福利政策及徵求看護的情報等等。至於「看護電話諮詢」，則是住友海上火險所展開的服務。

各保險公司都以24小時全天候的手法，為顧客提供這些服務，他們甚至針對「電話看護」進行檢討。此外，保險業者似乎已考慮開發有關看護服務的賠償保單，而不單是收取契約客戶的現金而已。

如今，某些大型保險公司已自一九八九年起推出與看護有關的產品，而購買該產品的保戶已經超過一百萬人，這個數字相信還會增加。

受老年人歡迎的銀髮明星旅館

接著繼續銀髮產業這個話題。法人機構全國飯店旅館振興中心建議將「適合高齡者居住之處所」，認定並登錄為「銀髮明星旅館」，該建議案已成為一項由日本厚生省指導推廣的制度。

位於群馬縣澤渡溫泉的宮田屋旅館，是一家頗受高齡者歡迎的旅館。由於一半以上的房客都會回流，看來許多客人好像都把這裡當作了「落腳地」。

宮田屋旅館的設計是走廊的高度儘可能低呈流線型。廁所的馬桶都裝有扶手，同時加裝有緊急用警報器。至於浴室的浴缸也加裝了扶手，這樣的設計對行動不便、步伐不穩的老年人來說著實放心不少。另外，宮田旅館還在洗澡的地方貼上防滑磁磚，並在更衣室裡設置電話，以方便沐浴時可能發生意外的人向櫃臺或屋內人員尋求協助。在餐飲方面，為顧及老年人的需要，宮田旅館減少了餐點的量，同時控制用鹽量，為老年人提供低鹽脫脂的食物。

一九九七年日本全國登錄為「銀髮明星旅館」的飯店或旅館大約二百家，然而隨著高齡化社會的到來，相信這樣的旅館還會增加。

殘障人士進軍新事業

現今不論視障或聽障人士，其中不乏年輕有為的企業家，其旺盛的企圖心，讓他們不禁要高喊：「殘障人，加油」來惕勵自己！。

經營Sunrise Farm（位於東京中野區）的田畑富立先生雖然先天全盲，但他卻會用點字把客戶來電要訂的貨，利用盲人專用電腦以點字方式輸入電腦。此外，田畑先生還同時根據顧客來電的要求，把片假名的訂單列印出來。成立於一九九三年的Sunrise Farm，是一家聘用二名視障者擔任硬體作業員的公司，其商品種類達五百項，天然食品、健康食品、生理用品和禮品等都是，而每件商品也都附有點字說明書。

此外，另一位先天患有高度聽障的高村真理女士（現年37歲）甚至發行點字商品的月刊目錄，這本刊物每年為她賺進八百萬日圓。而在高村女士經營的World Exchange of Silentculture（位於東京新宿區）裡，除了販賣可以輸入手語的商品外，與聽障、手語相關的書籍和錄影帶也展示在陳列架上。這本點字商品目錄，係高村女士自己編輯而成，如今她甚至考慮利用網路以嘉惠附近地區的民眾。據我所知，目前World Exchange of Silentculture每年的營收為七百萬日圓。

至於經營Access International（位於東京板橋區）的山崎泰廣先生（時年36歲）是一名必須借助輪椅來行動的脊椎病患。儘管行動不方便，但他對事業的企圖心卻相當旺盛。他除了做進口輪椅的生意，同時還擔任殘障者情報雜誌《Active Japan》（由主婦之友社發行）的總編輯。此外，山崎先生並經營以開發殘障者用電腦為目標的Apple Disability Center，同時積極展開對外諮詢的業務。

在他們身上，我看不到絲毫晦暗的色彩，只見旺盛的自立心和對專業電腦技術再突破的堅強意念。對於他們這種克服身體缺陷，對新事業之開發從不滿足的挑戰精神，實在令人感佩，如此堅韌不拔的鬥志，讓我也不禁在心裡為他們高喊：「殘障人，加油！！」

受市場歡迎的全國通用遊樂券

說到禮品卡就要來談信用卡公司推出的遊樂券。這種於全國通用的遊樂券已經成為人氣指數頻高的商品，而備受市場矚目。

持有該遊樂券的人，可在日本境內三百個休閒設施中使用。使用範圍廣及北邊的北海道和南方的沖繩島——舉凡兩地間的遊樂園、動物園、美術館、健康休閒地和遊樂中心等都是。由此可見，這種全國通用、同時設有期限的遊樂券帶給人們多少方便。它雖是業者得自百貨公司通用禮券的靈感所設計出來的，但該商品一經推出仍讓人有不可思議之感。

另外，除通用全國的禮品卡外，某些商店街業者也鎖定這種禮品卡，把它當作企業的贈品或郵票贈品等符合個人需求的商品來賣。

不用說，這種風潮也影響到政府機構、公共團體、民間企業等單位，讓他們同樣以贈送禮品卡的方式，把宴會和派對的熱度飆到最高。

而為了促銷禮品卡，各界先進當然會設計各種禮品卡以為因應。在此舉出各種具代表性的禮品卡，對於信用卡公司推出的禮品卡在此就省略不提。以下列出的禮品卡皆通用於整個日本。

禮券名稱	一張的價格	發行單位
全國遊樂券	500日圓	（株）文化放送開發中心
花與綠的禮券	1000日圓	（株）日本花卉振興協會
果汁券	500日圓	日本果汁振興株式會社
文具禮券	500日圓	日本文具振興株式會社
圖書禮券	500日圓	日本圖書普及株式會社
玩具禮券	1000日圓	（株）Toy Card
孩童商品券	500日圓	（株）Toy Card
運動禮券	1000日圓	日本運動禮券株式會社
伊藤火腿禮券	500日圓	伊藤火腿（株）
普利馬火腿禮券	500日圓	普利馬火腿（株）
傑夫美食卡	500日圓	（株）傑夫美食卡
壽司券		全國壽司商環境衛生同業聯合會
音樂禮品卡	500日圓	日本唱片普及（株）
汽油券	5000日圓	出光興業株式會

以巨額獎金招來顧客的手法

受到贈品規定放鬆的影響，如今市場上竟出現業者利用開幕或停止營業的機會，而以巨額獎金向消費大眾招手的促銷手法。由於獎金額度從一百萬日圓提高到一千萬日圓，於是誘人的賞金也造成業者間的惡性競爭，讓這場戰局備顯激烈。

以日產汽車實施的「二十輛您喜愛的日產汽車的Present Champion」活動為例，業者以公開懸賞的方式召募所有車主參與，因此而來的車子竟達二百一十五萬輛。日產汽車以市調方式，將應募而來的車主目前所駕駛的車輛種類、車輛名稱和年代做成記錄，並針對那些過半數非日產汽車車主的應募者積極地收集情報。日產提供的贈品其金額竟高達四百萬日圓，至於所提供的車輛也都是日產的產品，如Gloria以及塞得利克（音譯名）等款式。儘管業者不惜耗費巨資招來顧客，但其作法絕非不求回報。因召募所得資料，可做為業者日後推出新款的絕佳參考。以日產汽車的策略為例，召募活動結束後，她會直接發信給應募者，並在推出新車時，將所獲得的資料pass給營業單位，以作日後活動參考之用。

以下舉出近來業者推出的巨額獎金實例。因受限於版面大小，所以在此僅列出頭獎的贈品。

企業名稱	贈品
永谷園	現金1000萬日圓
日清食品	現金1000萬日圓
味之素　　食品	英國車
UCC上島咖啡	環遊世界一周
青山商事	現金1000萬日圓
講談社及週間現代	現金1000萬日圓
德間書店	日本車
主婦之友	三菱帕傑洛迷你車（音譯名）
IDO國際數位通信	日本車
日本國際通信	凱迪拉克CEFIRO
Pia（譯註：日本一家出版社）	日產MISTERO（音譯名）

大型超市也賣起了「綠色郵票」

和前述有關，如今大型超市開始導入「Green Stamp（憑券換贈品）」的服務手法。過去「贈品法規」之所以規定包括「Green Stamp」在內的集點片，只限於中小型商店和小規模的超市使用，其立意是「小店不敵大店」的緣故。然而經過這次的修法，未來大型店面也可能實施集點制郵票的辦法。

因此，麥可超市遂從食品販賣部「普洛洛卡（音譯名）」開始全面實施憑點券換贈品的辦法，而西友、長崎屋和尤妮等多家超市業者也相繼採用這種顧客在購物時，只要出示會員卡就可以累積點數，並可兌換Green Stamp的目錄商品和禮券。

發行集點卡，確實可以鞏固客源並且達到促銷商品的目的，然而在展開的過程中，「自我推銷」的成功才是讓業者達到目的的關鍵所在。畢竟，鞏固客源及商品促銷並不能單靠標榜「本店實施集點兌換贈品」的服務就可以達成，因為在此同時，以大型贈品吸引顧客並讓顧客心裡產生集點就能兌換贈品的夢想，才是業者必須注意的。

對於某家小型超商實施「凡光臨本店的顧客，只要出示本店發行的會員卡來此消費，就享有折扣優惠」的服務，我備感佩服。或許業者的作法是公開告知消費者該店實施這項服務，但其真正用意還是在於銷售。

據稱，比起九五年同期，郵票之大型Green Stamp公司（位於東京千代田區）採取「以集郵方式兌換獎品」的超商數目就已增加50％。

以「抽獎活動」獲致成功的日產和SUNTORY

「抽獎活動（Premium Champion）」的手法又稱作「威力升級（Power Promotion）」，成功運用這種手法的第一把交椅就屬日產汽車。

二年前，日產汽車開始以受人歡迎的奧運選手做其廣告代言人。首先她以「忠於原味」的廣告詞建立起代言品牌，同時為前來秀場或展示會的顧客所準備的紀念品，也清一色全是代言品牌的系列商品，從帽子、網球衣、T恤、夾克和鑰匙圈等應有盡有，如此熱烈的反應，是業者刻意營造出來的效果。九六年日產還在奧運優勝者比賽勝利的第二天，滿版且連續報導相關消息，並對優勝者的相片作特寫處理，同時以「恭喜奧運選手」的廣告字樣大肆宣傳。像這樣把握時機的廣告策略，必能獲致不小的成功。

另一方面，SUNTORY利用「老闆之爭」的手法，所獲致的成功亦不容忽視。因為運用成功，因而攻進可口可樂於喬治亞州占有的68％左右的市場。「老闆之爭」促銷活動鎖定的對象是25至35歲的男性，它透過「加強信心」、「轉換心情」和「BOSS萬歲」等關鍵詞，並且聘請充滿陽剛之氣的矢澤永吉（日本男明星）為其產品代言人。就這樣，SUNTORY巧妙利用了前面所說的關鍵印象，對所有集滿五張「BOSS」罐標籤的購買者，實施只要把所收集的標籤寄回公司，就有機會可以參加二萬只皮件的抽獎活動，由於中獎機率高，因此促銷得相當成功。過去參加抽獎的人都要用貼上標籤的制式明信片，但SUNTORY的活動辦法卻讓欲參加抽獎的人不必花郵資、直接向該店索取明信片寄回公司即可，這也是促使活動成功主要原因之一。

另一方面，麒麟啤酒也在去年實施「英雄夾克禮品（hero jacket present）」活動，利用職棒明星野茂英雄為主角，召募所有在麒麟卡上貼有六張標籤的人參加抽獎。雖然參加者必須自己貼上郵票，但這個手續不算麻煩的活動，仍有其興味在，是我推舉的創新抽獎活動。

以8字紀念日為促銷的手法

這是平成八年的紀事，雖然有些過時，但卻是促銷手法中的特殊案例。所謂「8．8．8紀事」就是地方行政單位及團體所展開的比賽，至於比賽舉行的時間就在平成8年的8月8號。

埼玉縣的八潮市曾經號召日本全國的鄉鎮市團體，共同舉辦了一場「八字高峰會議」。所謂「八字高峰會議」，係因響應號召的十六個鄉鎮市，名稱中都有「八」這個字，如：八森町（位於秋田縣）、八丈町（位於東京）、八田村（位於山梨縣）、八束村（位於岡山縣）以及八幡濱市

（位於愛媛縣）等都在參加之列。會議的主旨，是給予所有參與會議的鄉鎮市，有向全日本介紹自己居住地的機會。

會議裡還備有「八字紀念日禮物」，這些禮物都是所有參與之鄉鎮市的當地特產（如：位於山形縣八幡町的名產是桐之木屐），贈予對象是這個禮物在八字紀念日當天出生的八百八十八位嬰兒。此外，八潮市甚至實施「在上午8點8分8秒出發，全長8公里，行走8字型路線」的「8公里路跑」活動。對於八潮市堅持以「8」實施一連串活動的毅力我深表佩服，因為這樣發想至今無人能比。

又位於島根縣濱田市的「中央農業協同組合」，也在「八字紀念日」當天推出讓契約到期者可以獲得八十八萬八千日圓獎金的「38（三個八之意）紀念儲金」。不但如此，「中央農業協同組合」還會在當天送儲戶每人一隻蜜蜂作為禮物，同時只要是8月8號出生的人，在「八字紀念日」這一天申請成為該行的儲戶，就可以獲得高於平日0.5％的利率。「凡有創意，必有成果」，農協也因為創意，獲得了高出預期二倍的申請案件。

由於市徽有圓形「八」字的模樣，所以名古屋市遂把「八字紀念日」訂為「圓八日」，並在市內推動由官員和民間團體共同參與的一百五十四件相關盛會，像於中區榮公園舉辦的從「盆栽」到「蜜蜂」等活動都是環繞「八」這個數字所舉辦的商品特賣會**【譯註：盆栽和蜜蜂這兩個名詞，在日語的拼音裡都有八這個音】**。此外，某些名古屋市的飯店還推出八百八十八日圓的住宿計劃，至於餐廳業者也推出八十八日圓咖哩飯的菜單。另外名古屋大學的前身「舊制第八高等學校」，自創立以來正好邁入第八十八個年頭，因此不論是在校生或已踏入社會的畢業生，都盛大歡迎學校創立八十八年所舉辦的紀念大會。

善用8字紀念日促銷的各鐵路公司

在「8字紀念日」這一天，JR（日本國鐵）東日本鐵路公司會從上午「8」點開始，在福島、郡山等東北地方的「8」座車站販售車票上印有實驗車輛等「8」種新舊新幹線照片的「8」兄弟紀念車票，這個活動吸引了大批前來購買「集票冊（Ticket Collection Manual）」的人潮。而同樣是JR（日本國鐵）東日本鐵路公司營業範圍的八王子市，也曾經在名稱中帶有「八」的二十三座車站，發行硬質車票組合，這個手法十分投鐵路迷和集票迷之所好，因此沒多久便銷售一空。

JR東海還在8月8號當天，於營業範圍內的主要車站發行「8・8・8」紀念特急券。該票券上印有中央線「信濃」（383系列）、高山線「鬟」（奇哈85系列）等車輛型號上帶有8的四種特快車輛的照片，而在同時JR東海也是一下子就把五千套限量發行的紀念券銷售一空。

東京營團地鐵的作法是在本身發行的「SFMetro Card」上，印有8・8・8字樣，並且以

「令人感謝的三個八連在一起」的廣告詞，向乘車大眾推銷自己，而「SFMetro Card」一經推出也是立刻賣個精光。

對日本人來說，被人使用得相當廣泛同時也是吉祥數字的8相當受人喜愛。前面介紹的例子，就是業者以其卓越的企劃力，巧妙運用這個數字所得的實例。

保持營收成長的花王策略

在對手獅王的低價攻勢下，一向以清潔劑為主力商品的花王公司，在推出「新活性清潔劑」時也陷入苦戰之中，然而在日幣升值與泡沫經濟的雙重打擊下，花王公司仍可以保持營收成長，其中祕密在哪裡，以下就來探究箇中原因。

首先要談的是花王公司的商品開發力。一九八二年前，花王公司可說只鎖定清潔劑這一項產品，但是自一九八二以後，花王突然改變商場策略，開始進駐衛浴市場，化粧品索菲娜（音譯名）和紙尿布等都是花王策略改變後推出的產品。對於新產品的開發，花王都採取以消費者需求為導向的策略。像後來推出的「Quick Wiper」以及「毛孔Pack」等等，就是花王以顧客需求為前提所設計的產品。前者是讓人可以輕鬆拂去床上灰塵的清掃用具；後者是讓人可輕易插進鼻子裡清潔毛孔的清潔器。由於市場的反應熱烈，因此在大賣的同時，花王公司也趕忙生產以避免供不應求的情況。

在開發新品的同時，花王公司仍不斷針對既有商品作重新包裝的動作，其目的是把已經打入市場的商品，藉改變新的包裝以加深消費者對該產品的印象，來加強促進顧客的購買力。

至於商品管理和物流系統也是花王公司營收連年成長的另一項因素。由於擁有自己的銷售網，所以花王不必透過經銷商就能夠自行有效控管商品和物流。再者，由於花王在倉庫和下（接）單系統上建構了最先進的設備，因此可做到「無不良品、無配送不良、無配送失誤」。此外，花王公司已在今年與伊東四日堂（音譯名）合作建構共同配送系統，更加強公司配送系統的效率。

九六年花王公司發行了五千億日圓的公債，據說，這是花王有意在亞洲地區拓展市場的動作，其積極經營策略不禁讓人感受到其開拓市場的萬丈雄心。

以手提烘乾機取勝的三菱電機

三菱電機曾經因為自行研發成功的棉被烘乾機，而一躍成為業界翹楚。事實上，促使棉被烘乾機研製成功並進而商品化的原因，是來自某位員工的發想。每到梅雨季節，嬰兒的尿布總是溼溼的，目睹妻子把孩子的尿布放在家裡吸塵器排氣口烘乾的動作，給了他一個靈感。

因此，三菱電機著手活用固有技術改良馬達及電扇的既有功能，同時利用強風把手上的水滴吹彈出去的原理，成功製造出今天市場反應良好的手提烘乾機「Jet Towel」。

「Jet Towel」這個產品在百貨百司、小吃店和小鋼珠店的賣相一直不差，其原因是這些場所必須給人清潔的感覺，也就是說，「Jet Towel」反應出市場對清潔感的需求。以高島新宿店為核心建物的「高島時代廣場」的廁所裡，就裝設了七十八臺「Jet Towel」供人使用。

「Jet Towel」的特徵在於獨特的乾燥方式。過去的手提烘乾機是採用以 吹出暖風來蒸發水分的方式，這種方式有既耗時又使地上都是水的缺點。為了加以改善，三菱電機遂改以高於颱風的六十公尺的風速，使物品都能在五至十秒內烘乾。此外，改良後的新品，還在水滴滴落的地方加裝一個水槽以免水滴把地板弄溼。

雖然「Jet Towel」一號機率先普及至小鋼珠業，但是該產品也首次在小鋼珠業遭遇困難。因為比起使用人數少的小吃店，小鋼珠業者在「Jet Towel」的使用上就要耗費更多的成本，於是三菱電機遂進一步改良，進而成功開發出可以承受每天七十多位使用者使用的經濟型「Jet Towel」，它就是今天市售的「JT-KC10A」。

除了透過旗下系列家電販賣店及電氣設備銷售部門等既有的通路管道外，三菱電機還計劃透過經銷商和所開拓的專責部隊，對辦公室和小吃店作新品促銷的動作。

在清潔用品的領域，出租布巾和紙巾等產品的競爭固然激烈，但是從成本面看，三菱電機的手提烘乾機仍然獨占這個市場。

自古以來，人稱「風之中津川」的三菱電機中津川工場，就是一座頗具歷史的棉被烘乾機工場。對於三菱電機以手提式烘乾機在清潔用品領域中，其一決勝負的決心恐怕無人可比。

隨顧客口味變化的飲料製造商

在健康和低卡路里的訴求下，過去人們要求酒和飲料的味道要淡，然而現在卻演變成偏向「重口味」，這或許形成某股風潮也說不定，但在市場動態未明的情況下，業者決定針對顧客不同的需求來開發商品。過去黑啤酒只在某些特定場所受到歡迎，如今黑啤酒也深受喜歡在家裡淺嚐的消費者喜愛。

這裡要介紹的「朝日黑生」啤酒，就是深獲廣大消費者喜愛的酒類。近來「朝日黑生」締造的營收，已呈驚人的倍數成長。以往給人苦澀、氣味重印象的黑啤酒，一直讓人不敢嚐試。但由於黑啤酒入喉的感覺不錯，即使天天喝都喝不厭，因此比起普通啤酒，黑啤酒的流通速度要比普通啤酒高出15%。因此，啤酒業者遂跟隨朝日的腳步紛紛推出生啤酒的新品，如札幌啤酒的「Drafty Black黑生」和麒麟啤酒的「麒麟黑啤酒」，都是業者跟隨朝日所推出的新產品，而強調「一點點黑」的SUNTORY，也推出「Half&Half」這種新品和其他同業一決高下。

另一方面，儘管無糖飲料曾一時造成風潮，但是現在消費者卻非常愛喝甘甜的飲品。有鑑於此，朝日遂推出「咖啡」飲料，而這種飲料也讓朝日在十個月內賣出了二百五十九萬箱（一箱共有二十四罐），比起九六年，此銷售量提高了169％。後來朝日推出的紅茶飲料「提甌」，也受到市場好評。過去市場普遍反應罐裝飲料的甜度太高，但是不甜又不好喝，於是朝日公司改變作法，她在飲料裡加一點名叫「erythritoru」的糖類，並將其商品化，erythritoru是一種葡萄糖經發酵而成的天然糖質，其甜度是砂糖的75％左右，且熱量（卡路里）是零。

此外，咖啡的市場也已經改變。不只在美國，香氣濃郁的Espresso咖啡已經深受現代人歡迎。平價咖啡店「普隆特」和「多托爾」，也都導入專用機器，並且推出Espresso的菜單以饗顧客，而賣況似乎不壞。要知道顧客的喜好是永遠在變，如何投其所好以為因應，才是業者爭取勝利的利器。

展開廉價版文庫集的試驗市場

日本新潮社鎖定時下不愛讀書的年輕消費者，展開「試驗市場」的動作，動作的開展就是發行便利商店專用的低價文庫集。

《新潮pico文庫》一本賣一百五十日圓，其售價是一般文庫三分之一的價錢。首先新潮社考處隔週推出二本像森鷗外、太宰治、江戶川亂步等作家的大作，並且打算每一部作品發行三萬本。在試驗期間，新潮社是在首都圈、關西、九州等地的二千家7-11超商進行鋪書，結果發現發行數量不但增加，就連要求代理新潮社出版品的經銷店也在擴大中。過去便利商店以雜誌為主要的銷售刊物，而文庫的銷售僅限於部分商店而已，這次發行便利商店專用的文庫，可說是新潮社的首創之舉。

接著角川書店也邁進書的「試驗市場」，推出一本二百日圓的《角川迷你文庫》。平均單價不超過五百日圓的迷你文庫沒有封面，同時角川也不採取代銷方式進行銷售，而是在分布全國的一百家主要書店作定點鋪書，角川之所以採取這種行銷方式，是為了掌握發行量，同時追加文庫發行數量使然。

究竟那些遠離書本的年輕消費群，對便利商店文庫和迷你文庫會有怎樣的反應，其結果相當值得玩味。

老少皆宜的電腦教室

如今電腦教室的盛況，在全國各地到處可見。這些由電腦製造商和電腦販賣店成立的電腦教室總能吸引大批人潮，原因在於對「光看而不會用」的中高年齡層，和為了找工作必須上網查詢的人來說，電腦是必備的工具，加上學生群和因好奇想學電腦的人加入，使得電腦教室經常是供不應求。

以TBS布利塔尼卡（位於東京目黑區）舉辦的講座來說，它原本是一個可以容納一百個座位的場地，但卻有三百名學員前來報名。又拿位於東京秋葉原的拉歐克斯電腦館開闢的教室而言，那「以初學者為對象，第一次接觸電腦的Windows」課程就頗受中高年齡層歡迎，它是星期六、日兩天，每天教授六小時的電腦課程。而「Windows95入門」也是深獲中年上班族好評的課程，NECPC學院已採取可以配合講師教導的內容，選擇性上課的「單元制」方式，只要購票就可以不限次數地上課，每堂課為時一個半小時，而採取這種單元制授課方式的場所，全國共有四百三十處。

而大型人員派遣公司帕索那的子公司Home Computing Network還開闢了「個人電腦補習班」，並以每週一次每次授課二小時的方式，讓學員在半年內學會電腦。

另外，所費不貲的「課程套餐」也問世了。位於東京日本橋的皇家花園飯店（Royal Park Hotel）就針對單身的房客，開闢了包含早餐在內的電腦教室，價格為五萬四千日圓。而位於東京港區的京王飯店（Prince Hotel）也推出包含購買電腦所花費用在內的課程套餐，價格為三十九萬八千日圓。

而作風嚴厲的「電腦地獄之特訓」課程竟也出現了。該課程係以中高年齡層為對象，教導內容從滑鼠的使用到表格計算都有，如果學員就是學不會，授課的老師就不會讓學員回家，作風之嚴厲由此可見。

不只是大人，站在孩子最好從小接觸電腦的觀點看，以孩子為對象的電腦教室也紛紛成立。於大阪天王寺舉辦的「兒童電腦班（意譯名）」就是一例。如今，電腦業者已經計劃在全國開闢這種以學齡前兒童（三到五歲的幼兒）為招收對象的電腦教室。

販賣超低價電腦的亞其雅電腦的祕密

在東京秋葉原電腦販賣店創下銷售量第一的品牌，是亞其雅電腦（位於東京品川區）推出的筆記型電腦「龍捲風」。

在眾多大型電腦製造商推出的商品中，一九九五年成立的亞其雅電腦公司之所以快速成長，端賴該公司運用的價格策略，而其中的祕密則在於亞其雅徹底壓低製造成本。為了壓低成本，亞其雅公司和同樣擁有全球第一等電腦技術的臺灣訂定OEM契約，同時把70%比例的產品原料費放在臺灣，其餘的30%則由日本國內的製造商來分配。透過這種方法，亞其雅電腦得以製造比大型電腦製造商市售價格還低十萬日圓的產品。

為了宣傳低價電腦，亞其雅公司不但透過廣告媒體和報章雜誌大肆宣傳，其宣傳的手法也稱特殊，這種手法在美國等地已經行之有年，就是所謂的「比較廣告」。在國內，亞其雅電腦是和夏普（Sharp）公司作比較；在國外，則是拿美國的戴爾（Dale）電腦作比較。透過比較廣告的手法，亞其雅電腦獲致不小的廣告效益，也增加了營收。亞其雅電腦於成立第一年度的七個月內，就已達到四十二億日圓的營收，而九七年亞其雅電腦則已達到二百五十億日圓的營收目標。

對於亞其雅電腦負責人飯塚社長的作風，我深表敬佩。他不但巧妙運用了低價格策略，同時還把70％的原材料費移轉到臺灣，藉以降低產品的成本。繼「龍捲風」之後，亞其雅電腦又推出一種液晶顯示裝置用的桌上型電腦「Macro Book」。誠如其名，「Macro Book」是十分省空間的商品，它的面積只有過去的七分之一，亞其雅電腦認為「Macro Book」每年可以為公司賺進一百億日圓。

日本麥當勞的挑戰與經營策略

如果要談日本麥當勞的經營策略，我想一本書的空間還不足以容納。所以在此只能介紹部分而已。

首先，日本麥當勞公司耗資五億日圓實施的「尋寶遊戲」就很有看頭。它是麥當勞公司於全國大約一千九百家分店共同實施的集客活動，而活動的推展也很成功。顧客只要到麥當勞選用各式超值套餐，就可獲贈一張刮刮樂卡，待刮完後，再憑卡上的點數到櫃臺兌換現金、禮券和漢堡等獎品，即可透過「尋寶遊戲」的實施，日本麥當勞的營收竟比去年同期增加15%。

然而從麥當勞的經營策略看，似乎可以感覺其中具有狩獵民族般的侵略氣勢。首先麥當勞花費二年的時間，徹底進行經營結構的改革，這項稱作「3・1・Q計劃」的方案自三年前就已實施，據說，「3・1・Q計劃」是為期三年的中長期計畫，麥當勞公司在一年內就開始實施，期間總共檢討了四次。從麥當勞一九九五年十二月期的營業額看，該營業額比前年增加了17.5%，而麥當勞甚至重訂目前，以每年開設四至五百家分店的速度，打破已超過二千家分店的既成目標。

在努力達成目標的過程中，麥當勞和其他業者共同合作開發的軟體系統發揮了極大的威力，這種目的在開發分店設置地點的軟體系統稱作「McGIS」，它是麥當勞與研究專責公司「Marketing Center」和地圖公司「Alps公司」共同建構的系統。據說，利用該系統可以改善以往效率不彰的問題，也就是說，過去每年動用二十七名調查員，才能擬出一百家分店計畫，現在已經可以擬出五百家分店計劃。

總之，日本麥當勞的策略十分驚人。透過完整的市場分析，麥當勞著手擬定分店計劃。其市場分析之所以成功，是巧妙運用重金提高集客率、攻擊性經營策略及科技的結果。

學歷不高，但很有幹勁！

改變經營重心的日本麥當勞公司

日本麥當勞公司終於進駐加油站（以下簡稱GS）事業。據合作伙伴日本石油表示：「與麥當勞合作，是希望利用合作關係，和同為業界翹楚的麥當勞一起發揮相乘效果，以提高集客率。」

首先他們計劃進駐GS裡（也就是成立實驗店），並且進行不用讓顧客下車，就能買到漢堡的「外帶窗口服務」。此外不只是直營的合併店，未來由GS的經營者或員工經營的連鎖店，也在考慮之列。

因加油站業者的競爭越趨激烈，慘敗的一方往往被迫放棄本業，以致有些加油站出現遭人廢棄的景況。於是就有人想出「將遭人廢棄的GS舊址，設定為建立麥當勞之預定地」的計畫。

事實上，合作案可以成功不是沒有道理的。早在一九九六年，日本麥當勞就已和出光興業共同合作，在埼玉縣越谷市新開幕一家與GS結合的複合店，這家複合店自開業後一個月，就提高了近標準店二倍的業績。

日本麥當勞把分店併設在日石（日本石油）之加油站的計劃，是考慮在一九九七年度成立數家實驗性店面，可同時一面分析結果，一面增加分店的數目。一九九六年麥當勞的分店共有二千家，今後麥當勞把分店計劃的重點放在GS上頭，並希冀達到十年後共有五千家分店的目標。

一個漢堡賣八十日圓

打著「創立二十五周年紀念日」的口號，日本麥當勞公司於一九九六年推出一個一百三十日圓的漢堡，以八十日圓賣出的手法，引起業界震撼。當然，這種作法引起不小的轟動，許多人紛至沓來光臨麥當勞。事實上，一個八十日圓的漢堡是麥當勞創業之初的賣價。麥當勞公司總裁藤田先生表示：「只要降低輸入價格，並減縮生產成本，那麼和二十五年前一樣，一個漢堡賣八十日圓就並非不可能。我們麥當勞公司已把過去一個賣二百一十日圓的漢堡，降低為一個賣一百三十日圓了。到後來，不也推出一個漢堡賣七十或八十日圓嗎？」

在此我們暫且不談商品策略，而從日本麥當勞其他方面來探討其成功的要因。首先，麥當勞公司相當重視員工的「幹勁」。幹勁這玩意兒，和是不是畢業於一流大學或是不是夠格一點關係也沒有，重要的是在麥當勞這間「漢堡大學」努力學習、充滿幹勁的員工，才是支撐麥當勞高業績的要角。是故，藤田總裁表示：「在這裡學歷無用，只要能受麥當勞這間漢堡大學的教導，努力學習拿出幹勁做事，我們就不會虧待，不但薪水不低，甚至還加發十個月的紅利。我們相信重賞之下必有勇夫，若不能充分滿足員工經濟上的需要，要他們多努力一點恐怕是天方夜譚。」

在人員的召募上，來麥當勞應徵的人是召募人數的十倍。而比起在校成績，麥當勞似乎更重視面試的結果。如今，日本麥當勞的直營店與連鎖店的比例是八比二，今後將努力朝連鎖店經營的方向努力。據說麥當勞公司對於擁有十年年資，同時具有經營能力者，都會授予他們成立分店的權利。

順帶一提，第一位把麥當勞的英文唸法轉換成適合日本人朗朗上口的人，就是麥當勞日本分公司的總裁藤田先生。據他表示：「食物要好吃，就要靠食物的溫度和所使用的烹調器具。例如：讓人感覺好吃的食物溫度應該是六十二度，水要好喝溫度應該是四度，至於鐵板牛肉要好吃，鐵板的厚度應為三十二公釐，表面的溫度在一百八十八度，同時還要在牛肉置於鐵板上二分半鐘中的第三十二秒，把鐵板牛肉端到客人面前，這些都會影響食物的美味與否。」

最後還有一則有關藤田先生的故事。當藤田先生被人問起：「身為日本麥當勞總裁的您，最常吃的食物是什麼？」藤田先生回道：「婦產科醫生就會生孩子嗎？經營漢堡店的人就愛吃漢堡嗎？在我這個歲數，最好吃的不是漢堡，而是令我垂涎的烏龍麵哩！」這樣的回答方式既爽快又俐落。對藤田先生而言，漢堡不過是公司為求企業延續的「產品」而已，然而藤田先生對於漢堡的熱情與執著卻是無人可出其右的。

進軍遊戲市場的Just System公司

以文字處理機軟體「一太郎」聞名的Just System公司（位於東京中野區），終於進軍遊戲軟體這個領域。

該公司發行日語版的虛擬遊戲軟體，這是由美國電影導演史蒂芬・史匹柏監製，名叫「史匹柏之指導者模擬」的虛擬遊戲軟體。如名稱所示，操縱的一方（自己）可以自行監督，並且驅使工作人員製作電影，來玩這種虛擬遊戲。從情節的鋪陳到攝影、編輯、音效都可以由操作者自行完成。此外，Just System公司還販售一組三張的Hybrid版CD-ROM，而且為了與「Play Station」、「Sega Satan」等遊戲軟體相對抗，也推出新品以為因應。而繼可以自行製作電影遊戲的軟體後，Just System公司還推出另一種頗為有趣的軟體——「金字塔與法老王的夢想」，讓操作者自行搜尋隱藏在埃及金字塔中的祕寶。

「一太郎版本七」是以文字處理機軟體「一太郎」大賣的Just System所發售的一種新品，但為什麼Just System會涉入遊戲軟體這個事業領域呢？其原因背後就是專家所提「軟體業者之間的激烈競爭，將造成營業額減少」的預言，正好說中了微軟公司推出的「Word」已經瓜分了Just System公司推出的一太郎軟體市場，而造成極大的威脅。於是，為了避免一直以來採取的一太郎依存策略面臨危機，Just System遂轉換經營策略，而以網路承傳者之姿涉入這個新領域，而Just System這次朝遊戲軟體市場邁進的動作，可說是她有意朝多媒體發展的一個變身策略。

借空間給人展示的中古車銷售中心

中古車銷售中心的經營型態有二：一是專門處理某車商的系列車種，二是與製造商、車種無關，而是所有中古車都是其處理的對象。

通常我們要換車時，都會賤價拋售自己的愛車，而且成交的價格往往連自己都不忍卒睹。雖然有時候「以舊換新」（即將舊車賣給相同車廠的經銷商）可以賣到令人滿意的價錢，但如果是賣給不同車廠的業者，那麼成交的價格就會低到令人感到意外。

對於賣車人的這種需求，在長野市經營馬自達汽車的松澤社長，巧妙因應了他們需求並展開另一種新事業。他利用寬敞的空間，把中古車整齊地一字排開，放眼看去，就像是一般中古車銷售店的模樣。但事實上，來此地買車的顧客並不能把車帶走，因為這是一個讓每個人都可以把舊車開來，同時標明希望賣價的展示空間。對此，馬自達汽車公司將其稱作「出品」，其作法就是把空間借給所有要賣車的人使用，所有放在這裡展示的車子都標有「希望價格」，而買賣一旦成功，馬自達公司就能向買賣雙方收取仲介費，該費用係簽約金的3%及二萬日圓的成約金。

然而不只為顧客提供展示空間，由於馬自達本身就是一家汽車公司，因此當顧客下單時，還會為了方便希望馬自達汽車公司的維修場可以為他們的車子作安全檢查。

以希望價格成交的車子，通常要比賤價拋售的車子賣價高出二到三倍的理想價錢，馬自達公司的這項作法，對那些不需要每天開車，同時把車賣了也不會造成生活困擾的民眾來說，是一個絕佳場所，透過這樣的買賣方式還有另一項好處，就是買賣雙方不用負擔消費稅。

馬自達公司的看板上寫著：「親愛的車主，您是否要試著拍賣愛車？讓我們為您服務。」看來，商場上運用的點子可謂琳琅滿目。

展開衛星買賣的三井物產

在與大型中古車銷售公司「歐克涅特（音譯名）」的合作下，日本三井物產在美國利用衛星通信展開拍賣事業。她利用歐克涅特公司曾於日本實施的衛星通信之促銷系統，首次在美國展開的中古車銷售事業。

在人稱「中古車流通市場中心」的美國佛羅里達州和喬治亞州迪拉公司的提攜下，該衛星系統會透過影像將車廠名稱、車種、行走距離、程度、顏色等資料傳送給會員，由於是透過衛星通信，所以日本方面當然也會參與買賣。三井物產利用歐克涅特開發的電腦，每星期舉辦一次拍賣會，同時還把車輛的狀態傳送給與會的會員，至於會員接收到的不只是靜止畫面，也能看到動態畫面。從雜七雜八的事務性工作，到運送車輛的一切過程，都由歐克涅特和三井物產一手包辦。

除了汽車以外，透過衛星通信促銷系統還可以處理不動產物件、建設機械及電腦相關設備等等。儘管系統目前是以企業為銷售對象，但未來或許還會建構電子目錄系統，同時以個人使用者為銷售對象也說不定。

利用傳單招來顧客的巧妙策略

牛仔暨流行服飾專賣店Jeans Mate（位於東京豐島區），以東京圈為中心迅速地成立分店，如今已有五十七家店面，每一家店每天都會招來大批年輕人光臨。

Jeans Mate鎖定的客群是年約15至22歲的男性。其店面座落的位置都限定在車站周邊年輕人聚集的地點，且店內空間都稱寬敞，一般的牛仔衣服專賣店大約二十至三十坪左右，而寬敞的Jeans Mate卻有八十至一百坪大小。所以Jeans Mate的貨色不但豐富，而且所陳列的都是以年輕人為訴求的商品，除牛仔服飾以外，在這裡也可以買到襯衫、運動休閒服、皮帶和襪子等商品。

另外，Jeans Mate的集客策略也受到矚目。她平均每個月至少一次會以「夾報」的方式，把傳單夾在報紙裡發送出去，除了介紹特賣商品外，傳單上還附贈折價券。例如，購買超過五千日圓的商品，就可以抵減一千日圓，若購買一定金額的商品，還附贈下回也能使用的折價券，這種作法能充分擄獲顧客的心，也讓Jeans Mate鞏固了客源。

對於店員的錄取標準，Jeans Mate也相當用心，所有染髮或蓄鬍的人概不錄取。因為儘管鎖定的客群是年輕人，但也有相當比例的中年女性會光臨Jeans Mate。

為了能讓顧客輕鬆挑選店內的商品，Jeans Mate還會要求店員保持安靜，讓顧客可以安心選購。就這樣，一邊販賣人氣商品，一邊顧及顧客購物情緒的Jeans Mate確實提高了集客率。

在換季拍賣期間，美資的服飾店曾經令日本本土的服飾業者感到憂心，但Jeans Mate所運用的傳單策略卻私毫不受外資入侵的影響。未來Jeans Mate計劃在東京圈成立一百家、關西圈成立五十家、其他地區成立五十家，完成總共二百家的分店計畫，並將年營業額鎖定為六百億日圓。

區域市場的成功實例（其一）

這是一個鎖定目標區域，並針對該地進行重點銷售的區域市場之成功實例。以下介紹的二個例子，都是由我企劃的案例。

相信大家一定都知道報紙有所謂的「地區廣告版」，由於全版都是廣告，編排方式也和報紙無異，所以對閱讀者來說，閱讀這個版面就像是在看新聞大事一樣。正如其名，報紙的地區廣告版所配送的地區，正限定在版面所示的地區。

淨水槽是下水道鋪設不完善的地區，用來洗廁所的必要設施。如果前往市區鄉鎮有關下水道鋪設的專責單位，就可以看到該單位藉由地圖對外公告政府的下水道鋪設計劃，因此，若帶著市售的白地圖到這裡，就能將下水道鋪設計劃尚未納入的地區寫進來，待一切準備就緒後，就可以開始製作地圖。

地區廣告版的表頁往往是以斗大的標語為訴求，標示著：「地圖中塗布淡黑色彩的地區尚

未鋪設下水道，所以無法用水清洗廁所」，以及「沒有下水道，一樣可以用水來清洗。詳情請見內頁」。當然，該地區廣告版的配送地區僅限於地圖上塗布淡黑色彩的區域，至於接下來的內頁則刊登有水肥車的照片，同時寫滿「景況依然如此……」及「務必注重廁所的安全、清潔」、「關於淨水槽」、「一天就能完峻」和「用水清洗廁所是呼應顧客的需求」等紀事。

自地區廣告版的企劃案展開及順應時勢和銷售工程店共同合作後，淨水槽「Hybakey(音譯名)」的銷售額就比九五年同期提高了180%，而該淨水槽也讓日立化成工業位居現今淨水槽市場的第一位。此外，同樣採用該企劃案的朝日新聞社，也開始著手進行活用媒體特性的獨特企劃案，並對日後的贊助者日立化成工業遞交感謝狀表示謝意。

區域市場的成功實例（其二）

「太陽能熱水器」是一種利用太陽能來加熱家庭用水的機器，如今太陽能熱水器的使用熱潮仍持續盛行中，其受歡迎的原因無它，只因晴天時可節省燃料費之故。冬天時水溫加熱到五十度；夏天時水溫可達到可能造成燙傷的七十度。不管怎麼說，光使用太陽能也不能節省燃料費，針對這個論點促銷成功的業者，正是前面提及的日立化成工業。

由日立化成工業製造的「High Heater」太陽能熱水器，以往不但締造頗高的銷售業績，後來甚至計劃提高銷售目標。

在策略的運用上，日立化成工業首先避開設有都市瓦斯供應系統的地區，而把焦點鎖定在使用天然瓦斯（propane）的地區。此外，對居住在目標區域的住戶，日立化成工業還免費提供「High Heater」，但她的條件是希望免費使用太陽能熱水器的用戶，可對外公開使用前及使用後的天然瓦斯費。有三家僅使用日立化工所提供的太陽熱水器的家庭，經使用後發現確實可以大幅節省瓦斯費，因此也都接受了該條件。

自太陽熱水器裝上以後，配合日立化成工業進行測試的三戶人家，都會把試用期二至三個月的瓦斯費用表交予業者，從這三家的瓦斯費中發現，其中一家在未裝上太陽能熱水器之前，平均每月的瓦斯費都超過一萬五千日圓，但自裝太陽能後，瓦斯費卻不超過三千日圓，這一點頗令實際負責該企劃推動的人員大感驚訝。

事實上，這項真實資料才是業者最大的訴求力。讓客戶親自試用，所得到的真實資料（節省燃料）是無與倫比的強力訴求，至於鎖定試用戶的所在地，對該區民眾大肆宣傳使用後可以大幅降低瓦斯費，正是業者策略運用的訴求。對於試用戶的真實姓名，日立化成會徵求本人的意願來公布，而對於那些不願公開自己姓名的用戶，日立化成也會在出示瓦斯費用表之前，先把該用戶的姓名消去。此外，日立化成還透過傳單和營業員接觸顧客的方式，把各用戶的天然瓦斯費用表分散出去，總之，光是比較使用前和使用後的瓦斯費多寡，而不公布用戶姓名的作法，是不具訴求效果的。利用上一家用戶的資料，日立化成在宣傳單上寫著：「經用戶證實，使用太陽能熱水器一年可以省下數十萬日圓的瓦斯費。」如此的策略運用，使得日立化成的太陽能熱水器「High Heater」大賣。

對別墅銷售七十三臺溫水洗淨馬桶

溫水洗淨馬桶已經成為廁所的必備用品。雖然最近新興的出租公寓都會設置該器具，但在這裡舉出的卻是五～六年前的實例。

話說某家銷售公司曾計劃對出租公寓，展開溫水洗淨馬桶的大量銷售動作。儘管業者一開始是集合大眾、透過展示會的方式進行促銷，後來也以作廣告的方式來大肆推銷這種產品，但其成功的主要原因卻是所採取的價格對策及事前展開的地區性策略。首先她是以全戶數來制定減價辦法，若到達幾戶，每戶就能減價幾萬日圓，而如果到達幾十戶，每戶就能享受多少萬日圓的減價優惠。該銷售公司在推出減價辦法之前，甚至先取得該戶的同意進行拍攝，並透過螢幕把該戶當作一個「迷你展示間」公布出來。由於該公寓位於附近鄰居常會聚在一起閒聊的郊區，所以比較容易匯集買氣，於是一百二十戶人家就有七十三戶購買該產品。這個溫水洗淨馬桶的例子，正是業者對顧客加強「大家一起買，就會便宜」的印象，所獲致的大量促銷的成功實例。

一次賣出八十臺文字處理機

這是某辦公家具製造商自實踐某個想法後，所獲致的成功實例。該製造商認為，文字處理機為什麼不能作整批傾銷？於是，「文字處理機共用教室」就在這個想法下成立了。

首先業者注意到，每逢星期六、日兩天位於東京都心的飯店生意都比較清淡，但如果是團體投宿的話，住宿費便可以打折。在了解實情後，業者便把生意焦點放在「住一晚，供四餐（當天的午餐、晚餐，以及翌日的早餐和午餐）」的高級飯店上，並租借飯店的會議室，舉辦一場由專業指導者蒞臨指導的「文字處理機操作講座」，讓參加的學員在二天之內完全學會如何操作文字處理機，至於課程期間學員使用的文字處理機，也可在課程結束後自行帶回。該辦公家具製造商的手法相當成功，由於課程費用含括了文字處理機的價錢，所以上課費用絕不便宜，但參加的學員卻比業者想像中還多，平均每一場可以賣出八十臺文字處理機，這樣的成績是相當成功的。

看看別人，想想自己，或許這種「聚集人群進行銷售」及「簡易購物法」的策略，也可以為其他業種所應用。

利用腳踏車教室促銷成功的實例

某腳踏車製造商和該地多家腳踏車銷售店合作，共同成立「孩童腳踏車安全教室」和「媽媽腳踏車教室」，因而造成許多人報名參加的盛況。在市政府的許可下，業者利用小學操場作為會場，同時延請轄區警員為學員教導交通課程。

這企劃一開始我就參與其中，該企劃案成功的主要原因，首先是業者不意在推銷，而是用心教導孩童如何安全騎乘腳踏車、媽媽和小孩的正確騎坐方式及女性如何騎好腳踏車、利用腳踏車運送重物的須知。業者甚至透過腳踏車機械原理教室，向學員傳授修理腳踏車的簡單訣竅，會場還備有扳手等工具，並由專家實地教導如何使用這些工具，當然，這裡為媽媽們準備了全新的工作手套。再說腳踏車雖然方便，但也不能說不具危險性，透過這些教室的成立，我主張應對學員傳授以下各點：

●人行步道騎乘法。●人車不分的道路騎乘法。●十字路口的騎乘法。●夜間騎乘的注意要點。●坡道的騎乘法。●如何高明地把車停在停車場上。●剎車不靈時怎麼辦？●掉鏈時怎麼辦？●日常點檢要則。●腳踏車保養法。●遇到怎樣的狀況，才要立刻送檢腳踏車店？

就這樣，透過巨細靡遺的企劃要點，確實實施各點所舉辦的腳踏車教室，豈有失敗之虞呢？聚集眾多參加者的結果，讓製造商不管是大人、孩童用的腳踏車都大發利市，當然也會有降價措施。而這成功聚集人潮進行的促銷案例，其要點不在於硬體（腳踏車）的銷售如何，而是在於軟體（正確的騎乘方法）的吸引力。因此例，我可說這是「只要軟體吸引人，硬體必定賣得好」的最佳驗證。

對醫師銷售五十三臺電視機

這是我於年輕時候的經驗談。

話說昭和四〇年代前半，我曾在某家銷售公司服務。當時電視機還是一般所謂的高檔貨，因業績壓力我必須努力推銷，但卻不見效果，連一臺電視機都賣不出去。當時一臺家庭用電視將近三十萬日圓，而我也從這種售價獲得一個啟示——許多醫師都是八釐米攝影機的愛用者，所以我便鎖定醫師為銷售對象。透過各種方法，我拿到了醫師公會的名冊，並對名冊上的醫師發送DM，上面寫著：「我們會將您用八釐米攝影機記錄下來的珍貴影像，免費製作成錄影帶」這樣的文字。我想我大約發送了三百份DM，當然這個促銷活動是有期限的（因為限期，可以提高前來查詢或者下單購買的比例）。

然而把膠卷製作成影帶，必須使用一種所費不貲的特殊裝置，這對一家公司的某營業所來說，提供這種免費服務簡直就是辦不到。為了克服這個問題，我利用下班的閒暇，在營業所內的牆壁貼上白紙，並且利用投影機把各醫師送來的八釐米膠卷投射在白紙上，再用攝錄影機把投射在白紙上的影像給拍下來，當然那個年代拍出來的都是黑白影像。

雖然錄影帶完成後應該馬上把帶子交到各位醫師手上，但我卻向他們提出：「先生，我把帶子放出來請您過目。因我車上已放置一台錄影機，所以只要您家裡有一臺電視機，就可馬上將錄影帶播放來看」對於我的這番說詞，各位醫師也都表示贊同。就當時的技術來說，二十多個八釐米膠卷可製作成一個錄影帶。

透過這個策略，四個月內我竟賣出了五十三臺電視機，並獲得公司獎勵。這個手法和先前提及的腳踏車教室有著異曲同工之妙，它們都是「不賣硬體（機器），從軟體（錄影帶）下手而造成硬體大賣」的實例。

從失敗中記取教訓

話說昭和四〇年代前半期，視聽教育這個名詞才剛被喚起，而錄影機也未見普及校園。當時全國高中美式足球選手的選拔賽都是在關西舉行，而昭和44年的大會決勝隊伍，由埼玉縣的浦和南高校爭取桂冠。獲悉這個消息的我決定利用公司的彩色VTR，將各隊爭取勝利的畫面給錄下來。該大型錄影機係開放型捲帶式錄影機，一卷帶子只能錄影一個小時，所以必須在比賽開始的前段及後段時間，更換帶子以利畫面的錄製。比賽開始後，後來加入古河電工的全日本代表選手永井遂踢進一球，讓浦和南高校以這一分大敗初芝高校，獲得勝利。

當比賽結果出爐後，我立刻致函浦和南高校，表示希望該校隊伍務必前來觀看比賽當天的錄影帶。透過連絡我真的邀請到由松本教練領導的足球選手及後援會會長前來公司觀賞片子，待一行人觀賞過後，面無興奮狀的後援會會長向我表示，希望可以得到這卷帶子，當時我回以：「請貴校裝設錄影機，屆時一定送上這卷帶子」。

結果這個帶子沒有送出去，因浦和南高校沒有這個預算，而後援會也沒有足夠的資金購買錄影機，所以這個交易就此泡湯。現在回想起來，雖然我多次提到「不賣硬體，藉軟體展開攻勢的手法相當重要」的策略，但是在手法的運用上，我仍顯生澀。就浦和南高校這個例子來說，我應該以全校為對象，藉體育館或教室把數臺大型錄影機組裝起來，然後對全體師生和美式足球後援會的父兄們播放決戰的畫面才對。對於這個少不更事的失敗經驗，我滿懷悔意。

捕捉人心的V8

在八釐米攝錄影機的促銷上，新力公司（Sony）採取大範圍且緻密的巧妙手法。首先她提出過去「育兒記錄」只關心育兒世代而不重視其他事物的負面影響，表示八釐米攝錄影機可以減輕旅行者在旅行中「既要拍，又要看，又要玩」的動作，以增加旅遊的樂趣。同時新力公司並將八釐米攝錄影機「體積小、質量輕」的外型，比擬作「護照大小」，這樣的比擬手法相當巧妙。而為了紀念這種新發售的產品，新力公司也在東京舉辦了成為大眾討論焦點的盛會，舉凡八釐米攝錄影機的使用者都能參加「Oriental Ring」大會。首先，她鎖定山手縣內的八個車站，並且分組讓參加者在既定的時間內，利用攝錄影機拍攝各種不同的主題，如公園、電車、噴水池、紀念碑等等，待全組選定主題後，就要完成十五分鐘長附說明的錄影帶。

所有參加者都有參加紀念品，得獎者還能獲贈新力公司空白錄影帶之免費Monitor券。

另外，「八釐米攝錄影機代言人」的手法也深深擄獲了年輕人的心。這個人稱「Catch the Video Genic Campus（簡稱CVGC）」的活動，就是號召學生於全國的大學祭、迪斯可舞廳和滑雪場發掘最具CF像的女孩，經過分布全國的新力經銷商選出地區的候選者後，再由學生票選出心中最佳的攝錄影機代言人。光是這個手法，就讓新力公司達到促銷新品的目的，同時透過報紙的運動版、週刊雜誌及電視公司的報導，也讓「八釐米攝錄影機代言人」的選拔活動越顯激烈。

新產品的挑戰雖是「獨特的話題性企劃」，而「鎖定目標」、「讓使用者參加」、「產品與媒體的關聯」就等於是「所有促銷活動之間的關聯」，新力公司在促銷八釐米攝錄影機的手法上，就表現完美而全盤顧及到整個層面。

必賣的「限規商品」

在商品的促銷對策裡，限量且限定規格的商品策略亦不容忽視。某日產汽車公司推出的車款「費加洛」深受到市場歡迎的原因，就在於其懷古的設計及貫徹「限量」出品的結果。這款車型，係採用最近豐田塞里加的規格。

人有一種特殊的心理，就是對價值不菲或非一般人都能擁有的東西，抱有特別的價值觀。於是「限規商品」就是業者巧妙運用這種心理製造出來的。對於「限規商品」，業者必須利用傳播媒體大肆宣傳，因為受限於高單價，一般業者對於總營業額多不表示樂觀。然而，該「限規商品」一經推出卻造成總營業額提高，究其成功的首要原因是商品採用預約銷售的形式，因為當業者避免了庫存紊亂的情形，同時生產計劃又能正確增加，其製造效率自然也會提高。

由於善用人的心理，「限規商品」往往予人高級感，品牌的形象提升連帶提高了公司其他產品的形象。在製造原價（成本）對銷售價格的問題上，限規商品和普及商品不同，比較可能設定商品價格，也就是說，限規商品的獲利率決不會下降。

除了汽車可以是「限規商品」外，經營照相機、鋼筆、時鐘、洋酒、日本酒、化粧品、複製畫、版畫、豪華本、全集、事典、腳踏車和摩托車等行業的業者，都可以運用「限規商品」這種促銷手法。

受汽車迷歡迎的光岡汽車

說起汽車製造商光岡，或許沒有多少人聽過。但她卻是本田汽車（本田技研工業）睽違三十年後誕生的日本第十大汽車製造商，其正式名稱為光岡汽車，社址位於富山市。在愛車族之間，光岡是以「三丘（音譯名）」這款車名聞遐邇。

光岡汽車的董事長光岡進於二十八年前脫離推銷員生涯，並且從販賣暨修理中古車業起家，開始製造拼裝車，這樣的轉變是他事業起飛的開始。然而儘管事業如意，但卻苦於得不到日本運輸省（相當於我國的交通部）對正規汽車製造商的認可。這樣的困境持續了六年，六年後光岡汽車終於取得認可，並獲得運輸省對光岡對象車種「Zero One 1800c.c運動車」的型式認可。由於這項認可，使光岡可以在全國任何一地的陸上運輸局接受檢查，同時也沒有製造臺數上的限制。也就是說，對於拼裝車，過去光岡必須一輛一輛地運往富山市的陸上運輸局受檢，但是取得這項認可以後，就無須如此費力了。

董事長光岡先生愉快地表示：「三丘是讓您想要試乘的車種，無論在路上或停車場，您一定找不到與她相同的車款。價格低廉且具高水準的三丘，連年輕人都買得起，如果您對未來的愛車懷有這種夢想，就一定會選擇她」。

如今，三丘受人歡迎的程度已經到了買主下單後，必須等上一年才能取車。或許顧客對於限定商品的需求將日益增大，至於光岡汽車這個例子，除了是企業的成功範例外，光岡先生持續追求對車子的熱愛心，也值得大聲喝采。

萊卡相機驚人的服務體制

儘管每件商品不同，但一般說來商品的售後服務期（不是保證期，而是可以免費修理的保固期）大多限定在貨品出售以後的五或八年內，站在製造商的立場，這樣的限制也是在確保修補的配件。我是萊卡（音譯名）相機的愛用者，長久以來一直都是使用萊卡相機。而萊卡M型雖然是一九五四年萊卡公司出品的變相（minor change）機種，但如今仍是市售的名品。我所擁有的萊卡M型相機是該機種中最古老的M3型，它出品於一九五五年，然而在四十多年後的現在，萊卡M3型仍然可以修理，也就是說，萊卡仍舊提供售後服務，這一點頗令人驚訝。

但若說起為何萊卡相機如此受人歡迎？我想除了相機本身的性能及操作簡便外，主因就在於萊卡相機提供的服務體制。對使用者來說，「任何時候都能安心使用」是使用者在選購商品時相當重要的考量點。

我的這臺一九五五年製萊卡M3型相機，在出品四十年後的今天，仍可使用所有現今的市售鏡頭，這一點恐怕不是日本相機業者可以想到的。或許萊卡公司認為「愛用者熱烈的回響（口碑）」，才是發揮最大宣傳效果的利器」。此外，我認為鋼筆品牌「盟布蘭（音譯名）」以及打火機品牌「Dunhill」，也可以向萊卡相機學習，將萊卡的服務體制納入公司體制中。

廉價房屋的把戲

透過整版廣告，某些建設公司不惜花費大筆金錢，打著廉價出售自建住宅的廣告，這種廉價房屋的價格，約比實際賣價便宜個三至四成，因此，有意購屋的人往往蜂湧而至，但卻不知建商是別有用心的。

的確，為了賣一間房屋（商品）刊登一頁廣告是怎麼也不合算的事，雖不合算卻也還不算貴。我沒有統計過所有廣告商品的價格，但據我推估其價格大約八百萬日圓左右，這種價格連刊登報紙半頁廣告的費用都不夠。

事實上，「廉價房屋」是建商的「引子」之一，或許對購屋申請者來說能否買到廉價的房子端看自己的手氣，可是對建商而言，這種廉價屋方案卻是百益而無一害的，因為當「廉價屋特惠專案」這個令人震撼的廣告一經推出，建商的寶號和該商品名稱就會吸引眾人的目光，而建商的目的也就此達成。加上這些前來一探究竟的購屋申請者，不是擁有土地就是正在計劃買房子，因此，購屋申請者名單也就成了建商促銷時的絕佳參考。

引人注目的廣告，一般可以加深民眾對該公司寶號及商品名稱的印象，而我對建商利用特惠方案吸引申請者（想要買房子的人），輕鬆地獲取欲購屋者名單的作法表示佩服。

提供「免費更換」服務獲致成功的Zebra

「Zebra Crystal」是日本昭和42年出品的原子筆品牌，如商品名稱所示，Zebra Crystal的筆桿係由水晶製成呈透明狀，在此之前原子筆的筆桿是像鉛筆那樣看不見筆芯。此外，雖說Zebra沒有特別好寫，但是當時Zebra的優勢就是那種透明的筆桿，其打出的廣告詞是：「可以看到筆水的原子筆」，並對外聲明「只要發現筆芯還有水卻寫不出來，請拿來我們替您免費換新」。站在使用者的立場看，免費更換筆芯的服務很容易被人懷疑產品方面有瑕疵，但結果正好相反，該服務措施卻予人「只要購買Zebra，就能免費得到筆芯」的印象，大大地提高了促銷效果。就這樣，商品的信譽和品質不但沒有受到質疑，Zebra的製造商也向大眾宣示了自己對商品的信心，甚至將「得到」的意識給予了使用者，而注意到購買者需求的Zebra Crystal，其企劃成功的原因就在這裡。

把辦公室當作展示間的Kokuyo

一般製造商多會在繁華區或辦公大樓裡，開闢專用空間作為展示之用，會重視展示間策略的業種包括：OA（辦公家具）業者、照相機業者、汽車業者、住宅設備機器製造商等等。

不同於以往的是，有些企業已展開完全不同於過去發想的展示間策略，大型文具暨辦公用品公司「Kokuyo（音譯名）」就是一例。位於大阪的Kokuyo總公司與東京分社，就一直把辦公室當作展示間對外開放，當然展示間裡陳列物的除了辦公家具外，其他當然都是Kokuyo的產品。這樣的展示手法，意在營造「使用感」和「真實感」。對於在展示間工作的服務人員來說，這裡的工作氣氛是有些緊張，但由於表現的好壞會直接影響公司的業績，因此服務人員也大多會全力支援。此外，由於Kokuyo是把辦公室當作展示間，因此定期更換家具和擺飾似乎就成為必要，Kokuyo採取的「辦公室展示間化」的作法，已完全改變了過去展示間的概念。

此外，不光是Kokuyo，大型事務用品公司Plus，也把位於千葉幕張的辦公室當作展示間局部對外開放。或許採用「辦公室展示間化」作法的業種有限，但這種傾向未來可能日漸盛行，諸如制服製造業者和警備保險公司都能夠加以應用。

以紅色形象獨霸日本市場的可口可樂公司

分析消費者的購物心理可知，對色彩的心理作用在消費者心中占有極大份量，以下就是色彩心理的一個例子。

日本人對於色彩的感覺來自於民族性，而利用色彩決一勝負的是在日本市場中致勝的可樂製造商。美國最大的可樂製造商百事可樂，自登陸日本以來，銷售量就一直不見提高。其原因相當單純，就是她對色彩的訴求，與日本人對色彩的感覺不能吻合。也許很多人會認為，飲料和色彩完全是風馬牛不相及的兩碼事，但事實上卻非如此。

對日本人來說，紅色代表熾熱的太陽，因此，可口可樂罐上「紅色」標籤的效果也就更加突顯。另一方面，百事可樂的標籤則使用紅、藍、黃、白等色彩，其中尤以黃色最醒目。對於具有農耕民族感性一面的日本人來說，黃色是相當不討喜的顏色，因為蔬菜變黃了就慘了，也就是說，黃色是象徵旱魃、凶年之意的色彩，所以在日本人的心裡深處，就是排斥並對黃色懷有某種不可抗拒的厭惡感。更甚的是，儘管日本人覺得銀杏楓葉的黃色很美，但仍會產生季節又將結束的悲觀想法。

登陸日本的百事可樂只要以日本人的心理為導向，考慮納入標籤設計（色彩）的策略，或許多少都會動搖可口可樂的地位。透過這個例子，可口可樂向世人證明了色彩在商品策略中確實具有極大的功能。

另一個和產品品質無關的例子，柯尼卡軟片的日本市場就是不敵富士軟片（外盒為綠色），至於柯尼卡軟片的外盒包裝就是黃色的。

電動削鉛筆機業者的把戲

上了年紀的人或許知道，過去味素是呈「紅色小罐裡附上一支耳掏狀小匙子」的包裝，使用時用小匙子盛滿一或二匙直接倒入菜裡，但味素的包裝如今已改變成「揮撒式」的使用方式，這不但增加了味素的用量，同時也提高了銷售量，想出這種「揮撒式」創意的人是味之素公司中的一員，該員還曾經因為這個創意而獲得董事長獎。

而與此創意有著共通點的產品是電動削鉛筆機。在我工作的歷程中，已經養成「追根究底」

的癖好，但是我卻怎麼也想不到，電動削鉛筆機和家電品製造商會有什麼樣的關係？事實上，經我實際用過後發現，利用電動削筆機削鉛筆時，不管切削的效果如何，最後機器都會把鉛筆給削過頭。也就是說，削鉛筆的同時，電動削筆機還會把不需要削除的部分都給削掉，而造成無謂的浪費。和利用小刀來削的情況相比，同樣是削一枝鉛筆，但電動切筆機卻把鉛筆削得特短，而加快了鉛筆的消耗速度，無形中也增加了消費量。因此，味之素和電動削鉛筆機業者，同樣是把促銷的重點放在「增加使用量」和「促進消費」上面。

濾嘴發揮的促銷效果

和前面的實例有關，如今香煙業者不也是利用「濾嘴式」煙頭，來促進急遽增加的消費量嗎？過去香煙都是兩端未附濾嘴的香煙。其中雖有「朝日」這種附濾嘴的香煙，但是吸煙者所抽的「光」、「新生」、「Peace」等品牌都是沒有附濾嘴的香煙。

此外，吸煙者平均每天都會吸煙，而我也不例外，每天不是抽個十根就是十五根，因為吸煙會刺激我的口腔，所以有一陣子我變得不想抽，可是自從香煙加裝了濾嘴以後，我每天的確從四十根，甚至抽到五十根之多。造成這種改變的原因其實很簡單，首先是濾嘴發揮了不刺激口腔的作用，所以造成一根接著一根來抽的情形增加。現在的香煙大多也變成了過去幾乎看不到的「口啣式」，這些都是造成消費者對香煙需求量增加的緣故。還有另一個重要原因是，過去人們在飯後、工作空檔和三點鐘的午茶時間抽根煙的習慣，到了現在已經改變成工作中也好、行走時也罷，甚至邊講電話也能邊抽煙的習慣了。

自從香煙加裝濾嘴後，其質量不但變輕，尼古丁等的含量也變少了，於是各位癮君子們也就有了吞雲吐霧的藉口，這麼一來香煙的消費量自然逐漸增加。這一點不就和味之素利用「揮撒式」提高味素消耗量的作法，有著異曲同工之妙嗎?日本煙草公司的商品策略重點就在這裡。

魔法般的放款把戲

OA業者在面對現今的消費者時，幾乎都會和消費者訂定「租賃契約」。當消費行為展開後，該契約也就成了「資產鑑定」，其在帳目上必須作原價賠償。租賃契約的過程的確麻煩，因此建議應該選擇與專業的OA營業人員共同訂定。

一般租賃契約的年限為五年，但業者必定會在期限內悄悄地推出新品。過去，消費者是省下租費所剩的餘額，再重新訂定另一個契約，但不可思議的是，如今業者卻沒有提高租賃費用。因此，消費者在新品推出後總會再續租下去。以上雖是租賃行為的概要闡述，但其中卻有消費者不察的地方。

事實上，「租賃行為」是意在處理租賃期限未滿，且仍可繼續使用的產品，並且搶在租賃到期之前，讓消費者簽下另一個租賃契約。當鎖定了某位期限尚未到期的顧客，業者會不動聲色地向他吹噓「新機器的性能有多好」，而再次要顧客簽下新的契約。

此外，許多人容易陷於「所謂租賃，就是在一定的期限內把該項商品借出使用」的想法，但事實卻非如此。它和租借（rent）不同，租賃（lease）是租賃公司對契約的另一方進行「融資」的動作和一般的貸款（loan）不同，所謂的融資就是當消費者不再付款就無法歸還商品。因此為了避免萬一，融資契約必須要有保人擔保償還契約一方未能還清的餘額。從這一點看，消費者必須認清融資就是業者高明地把錢「借給」消費者的一種手法。

大嘴巴的富山藥房

富山藥房過去是在各村落間，四處兜售的店家，她總是把用斗大唐草模樣布巾包裹的貨物扛在肩上，到處作生意。

「任君選擇」是過去的一種買賣方式，透過這種方式消費者可補充已用完的藥，並且只須支付補充物的費用。在我認為，過去這種「任君選擇」的買賣方式就是一種相當進步的系統，因為它讓消費者心甘情願地支付已經用掉的部分，即便要去補充已經用掉的部分，也不會有被迫推銷的顧慮。想到這裡，我不禁讚嘆以前的人就已經會玩促銷的把戲了。

但是除了本身的業務，富山藥房在其他方面同樣受到熱烈歡迎。在既沒電視、收音機，也沒有報紙、雜誌的時代裡，只要從一個村到另一個村，就可獲得許多不同地區的不同消息，而遊走於各村之間，四處作生意的富山藥房就在這個資訊獲取困難的時代裡，扮演著情報提供者的角色。

當買賣交易完成，富山藥房會一邊喝著別人的奉茶，一邊四處提供情報，她提供的內容不是說「某某村的某位老爺爺今年已經百歲，算算孫子也有二十人」，就是道「某寺的年輕方丈這次生了三胞胎。」這麼看來，情報提供者（富山藥房）真的可以獲得比現代推銷員還要多的情報量。

對消費大眾提供情報是不錯的促銷手法。以下舉出「可以事先對顧客提供商品，然後要求消費者支付商品提供期間本身消費之部分」的業者，他們是可以利用補充商品系統的一群。

業種	提供商品（暫寄顧客處的商品）
寵物店	寵物食品
日常用品店	衛生紙・盒裝面紙・清潔劑・垃圾袋
家電業者	錄影帶・卡帶・電池・燈泡

以保險業進軍銀行界

這是一位在A公司擁有五年壽險經驗的友人（本文以B小姐稱呼）的故事。憑著過去的實際經驗，如今B小姐已是某家銀行支局的專員。對於過去在各家累積經驗的她來說，獨立負責一家企業經營成敗的經驗，這次還是頭一遭。以下是我建議她不妨試試看的各項作法：

● 儘可能早點兒記住分店所有職員的姓名、部署、職稱和經歷。除分店長外，還要向全體幹部打招呼。接著再和所有行員道聲好，務必做到公平對待的原則，而對某些特定人物，亦不能免俗。尤其是面對女性行員時，更要態度一致地應對得宜。

●盡可能把散見在各戶頭的自己或家族存款，移存到該行支局。特別是定期性的收入暨支出，如：薪資、自動轉帳扣款等等。此外還可以制定新規定，增設定期儲蓄存款的業務。待所有手續完畢後，就對支店長及所有幹部作詳實的報告。

●針對所有行員（包括行員的家庭狀況）製作「顧客管理單」，但對於新進人員、轉調過來的人和打算結婚的員工，尤其要徹底且暗地進行調查，以獲得行員的家世背景、學經歷資料等等。

在保險業，B小姐已是個中老手，但我仍不敢說她對促銷在行。話雖如此，如今其服務單位每到關門的時候，那專為顧客所設的出入口仍然是訪客不絕，分行的業績是月月提高。再加上，由於建立起誠信的形象，從分店長、其他分行，甚至到總行都為人所稱道，而且該分行每年還參加A保險公司的全國最佳分公司的保險。更令人慶賀的是，我還接獲B小姐的電話說：「該分行已經成為MDRT（一百萬美金圓桌《Million Dollar Round Table》）的國際會員之一」，這樁好消息無疑道出這是「按步就班，踏實進行營業活動」的成功範例。

「街頭實例」都會篇　其一

這不是商品促銷的範例，而是在地區街頭和村落中所引發的話題。首先介紹的是，展開範圍遍及大阪御堂筋和三角公園周邊的「美國村」，這個村落就是年輕人所說的「阿美村（音譯名）」。由於深受年輕人喜愛，所以該村落往往被視為只有年輕人會在此活動的三不管地帶。她不是商業投資的地區，而是個路上攤販林立的自由市場，這裡總會吸引大批年輕人在此聚集，這就是美國村平日的景況。

「東京涉谷公園大道商店街振興協會」的公園大道，與美國紐約市Park Avenue共同締結成姊妹街。在日本，過去不乏有市與市之間訂定海外友好協定的例子，但是街與街合作締結為姊妹街的案例卻屬珍貴。該案例的第一砲是美國紐約的麥迪遜廣場公園計劃在日本的涉谷公園大道與大道後側的坡道，提供每年設置的聖誕燈飾。另外，日本方面也計劃把Park Avenue的攤販集中在涉谷的街道進行管理，同時舉辦各種活動和街頭表演以促進美日的交流。除涉谷外，其他地區的當地商店街（共八條）也和涉谷共同合作，進行「涉谷向您招手」等各項活動。

「街頭實例」都會篇　其二

在涉谷附近的原宿展開的「故鄉與廣場」活動也不容忽視。因該活動的主辦單位係農水省的外圍團體「故鄉暨情報中心」，因此它是農民及漁民進行交流的設施，而且開館一年入場者就超過當初預期目標的30％，達六十七萬人次左右。該建物之所以能夠匯集人潮，端賴其所在位置（位於拉佛雷原宿PartⅡ內）的優勢及在此布點的團體超過三百家，使她成為一處「故鄉土產商店」所致。

像真空包裝的北海道馬鈴薯及新潟產玄米等，在東京不易買到的商品這裡都有且頗受市場歡迎。此外，在擬增直營店的契機下，一旦由來自全國各鄉鎮市代表所組成的東京在住會發跡後，交流範圍的擴大是可想而知的，此時，「故鄉土產商店」或許就稱得上是頗具意義的購物廣場了。

此外，由川崎市與神戶市共同舉辦的二員「爵士音樂會（Jazz Concert）」也甚受歡迎。阪神大地震曾經帶給有日本爵士樂發祥地的城市（神戶）相當嚴重的災害，因此「爵士音樂會」的展開是在川崎市支援神戶重建的意義下，所推展的一項活動。透過共同合作，兩會場間利用數位專用電話線互通訊息，同時透過會場上的大型螢幕，播放兩市共同演奏的畫面，其中日本電報暨電話公司（NTT）也參與協助。據我所知，川崎市好像已將部分收益當作贊助神戶市的重建金，而這未嘗不是透過音樂交流的街頭合作的另一實例。

「街頭實例」都會篇　其三

神轎出巡不單是夏、秋兩季的慶典活動。每年正月初三於東京舉行的「目黑正月神轎初夢初抬轎」活動，就是地區活性化的成功實例，在該活動中，抬轎者會不斷請出大神輿以帶出整個地區的活力。

除了舉辦活化地區的慶典外，目黑權助商店街振興協會與下目黑一丁目町每年和地區居民的交流也深獲好評。慶典的廣場由目黑雅敘園提供，而除了每年隨機選出的大會外，「附餅大會」、烤小鳥店和天婦羅店等也恭逢盛會，而把慶典的氣氛飆到最高潮。再者由於正月擔任神轎轎夫是相當神聖的使命，因此應募者超過二百人次，而僅由女性擔綱的女神轎也紛紛出籠。

東京臺東區商店街聯合會則負責印製與當地有深厚關係之文學家手繪圖案的手提袋，這是地區密著型的PR作戰法。至於聯合會配合商店街的促銷及慶典的舉辦，將印有正岡規子與樋口一葉圖畫的手提袋分送出去的作法，亦深獲好評，而當地商店街採取的手法，已經具備連鎖超市所沒有的自信心了。

而透過獨特的概念，以對高齡者提供購物服務而一決勝負的是，東京墨田區的向島橘銀座商店街協同組合的例子。這項由「向島橘銀座商店街協同組合」提供的服務在日本境內實屬珍貴，它是涉入銀髮事業所展開的服務，其作法是透過購物卡加盟店對於下午一點至三點這個時段購物的六十歲以上老人，提供商品的打折與刷卡點數倍增的優惠。這是與附近的大型超市對抗，並藉由每次與老人家接觸的機會，讓商店街的買氣提升的有效策略之一。

「街頭實例」地方篇　其一

如今日本各地到處可見以水果為題的「水果公園」。

位於靜岡縣濱松市「濱松市果園」的熱帶巨蛋（tropical dome）裡，香蕉和木瓜結實累累。這裡有廣大的果園，當然也有水果接待室（fruit parlor），因此常常都是人滿為患。位於山梨市的「笛吹川果園」峻工於一九九八年，其園區已經開放給一般民眾參觀，除當地名產葡萄以外，還有種植桃子等水果，而那些以山梨縣水果歷史為主題的展示室，也成為許多民眾假日的好去處，目前笛吹川水果公園正加快腳步完成全園的建設，並塑造其成果樹王國山梨縣的地標。

其他還有奈良縣西吉野村的「柿子博物館」及腹地遍及岡山縣勝田郡及兒島郡的「Okayama Farmers Market」，而預定近期內完成的「梨博物館」（位於鳥取縣倉吉町）等果園，甚至還在全國各地陸續開闢。

活化當地並朝當地果樹產業發展的這些果園業者，其作法上也不能說完全沒有風險。由於果園的經營型態大多是自體經營，它和企業或團體打團體戰以提高營收的作法不同，果園業者缺乏專業的廣宣人員，因此也就欠缺PR力（自我推銷），再加上果園業者並沒有定期舉辦企劃性活動的對策，當然無法提高營收，這一點您必須知道。

「街頭實例」地方篇 其二

東京車站八重洲口的大丸及其附近的國際觀光會館，都設有日本全國都道府縣的物產中心。由於全年都做相同的展示，本身也從未提出有效的集客對策，因此無論是大丸抑或國際觀光會館展示品的賣況都不好。但相對地，分布日本全境並以促銷鄉土名產為主的自治體「東京天線商店」，其任何一分店的賣況都很活絡。究其原因，得知店家為了促銷所想出的各種鬼點子及表現出來的活力，正是提高買氣的因素。

位於東京銀座區沖繩物產公社所經營的「銀座WASITA SHOP（音譯名）」，每天來店的客人平均一千人次。「WASITA」之名係來自沖繩的方言，而「銀座WASITA SHOP」是一座沖繩的情報發送基地，所以這裡顯得特別有活力。寬敞的店內陳列著各種食品、衣物和工藝品等大約三千件沖繩物產，店面則裝設預防壞人的「監視器」，以監視往來於店裡的客人。

位於東京有樂町的「KAGOSIMA遊樂館（音譯名）」，就是鹿兒島縣的天線商店。一般說來，「KAGOSIMA遊樂館」的名號還不甚響亮，但因鹿兒島是繼靜岡縣之後的茶葉產地，加上氣候的關係，使得鹿兒島的新茶能比本州提前的六十六夜上市。因此每到新茶季節，店內就會免費提供品茗新茶的服務。此外，對於新茶，KAGOSIMA遊樂館是打著「新茶是繼甘薯和黑豬之後的鹿兒島商標」，全力推銷該產品。店內陳列的名產包括：炸甘薯、各種燒酒、在餅米上淋灰汁的「AKUMAKI」等，對關東人來講相當珍貴的食品。「KAGOSIMA遊樂館」還計劃在每年在東京都內舉辦四十場以上的比賽，這可是相當了不起的。

接著來談位於東京銀座區的「銀座熊本館」，這裡的球磨燒酒「On Parade（音譯名）」是店內主要促銷的產品。陳列架上展示著四十種左右的販售商品每一種都可以試喝，「銀座熊本館」以球磨燒酒來招攬顧客，並舉辦各種比賽，藉以擴大促銷收益。

以出產櫻桃和西洋梨聞名，同時號稱日本第一生產量的山形縣也在東京霞關區開幕一家天線商店「山形大廣場都市（意譯名）」，當然這家天線商店是以販賣櫻桃和西洋梨為主，至於這裡推出的非當季水果則有知名的物產蘋果、葡萄、西瓜、柿子、桃子和香瓜等等，「山形大廣場都市」就是這樣強力推銷水果王國山形縣的。除水果外，地方酒類、醃漬品和知名的米、牛畜產品這裡都有展示暨販售。

「街頭實例」地方篇 其三

為了帶動街頭買氣，許多地方也不斷地在地方上從事某些活動，沿著琵琶湖、南北走向的滋賀縣長濱市就是其中一例。根據調查，長濱市中心的商店街過去一小時內只有幾個人走過，但是現在長濱市一年的訪客竟達一百八十萬人次，儼然已成為一座觀光聖地。

使長濱市成為觀光聖地的，是至今仍屬珍寶的舊第百三十銀行長濱分行。它是一幢黑色灰泥牆面建築，自市民發起「永久保存古蹟」的運動後，該建物就在第三區以「黑牆玻璃館」之姿重新開幕。館內的展示品從對外銷售的玻璃加工品外，小吃店、當地物產也有，而且每到假日，來館內參觀的客人多以女性居多，而館內員工也幾乎都是女性，連負責販賣歐洲玻璃製品的服務員也幾乎由女性擔綱。

「黑牆玻璃館」的成功，帶動了四周商店的買氣，加上館方苦心設計的展示（display）手法也同時提高了集客率，當然整條商店街熱絡的買氣，都是因「黑牆玻璃館」而起。雖然一旦成為第三區，主導黑牆玻璃館未來發展方向的就會是市府機關（即所謂的行政主導型），然而長濱市的成功，難道不是該市展開民間主導型所獲致的結果嗎？

另一方面，岩手縣的江刺市自長濱市的黑牆取得靈感，如今也計劃活用市內殘留的多幢土屋，以期江刺的傳統工藝品岩谷堂五斗櫃等，可以成為促使觀光客前來造訪的誘因。當然因為是土屋，所以牆壁自然不是黑牆而是白牆，但長濱市和江刺市所運用的祕訣卻都一樣。如今，江刺市正在摸索如何提高集客率。

第四章

「帶動人潮」的促銷技巧

「帶動人潮」
的促銷技巧

與鐵路和旅遊相關的促銷實例集

以優閒之旅為訴求的「和式列車」

自舊國鐵時代開始營運的「和式列車」，是頗受團體旅客好評的臨時加開專用列車，其服務對象都是上年紀的團體旅客。日本鐵路公司（JR）廢除過去的坐式列車，把車內地板全都改成日式坐鋪的型式、車窗也嵌上日式拉門，種種的改變都是考量舒適性與民族性所設計的，它讓過去四人座的坐位式列車全然改觀。現在的和式列車除了提供團體旅客的餐點和飲料，同時還給予搭乘坐位式列車的旅客前所未有的舒適感，讓他們不用侷限在狹窄的座位上，而設計讓旅途過程感到舒適。不久前和式列車還增設了卡拉OK設備，讓旅客可以盡情歡唱，如果累了，也可以把身子躺平小憩一會兒。

國鐵時代的傑作「Full Moon」

旅行套票的先鋒是日本航空的JR套票。後來到了國鐵時代，「Full Moon（音譯名）」和「Nice Midipus（音譯名）」就成了兩項熱賣商品，其熱賣的原因，除了可以滿足旅客的虛榮心及價格便宜外，明確地鎖定客層也是這兩件商品致勝的主要原因。至於「Full Moon」與「Nice Midipus」鎖定的客源，是以成熟年齡的夫妻檔和中年女性為主。

對旅客來說，國鐵過去提出的「舒適之旅」口號儘管成功，且奠定了舊國鐵時代成功的契機，但不可否認的這句口號顯得過於抽象。如今，「Full Moon」和「Nice Midipus」不同於以往，擬定出既具體又高明的企劃內容。其企劃的對象是有錢有閒的年齡層，而對於所促銷的商品，也取了一個感覺不錯的稱呼。

在企劃手法上，和式列車利用已故的上原謙和高峰三枝子之名，藉這兩位俊男美女型明星曾經在此留下倩影的過去，讓實際搭乘的夫妻產生自己就如同他們兩人搭車出遊般的錯覺。「Full Moon」是「鎖定目標群、巧妙命名」的成功促銷實例。因為如此，這則旅遊商品的成功範例遂值得大書特書。

JR各公司的冬季企劃商品戰

和舊國鐵時代不同，銷售手法高明的JR各公司在冬季又採取了怎樣的策略?接著就從JR的促銷觀談起。

以JR東日本來說，它是JR群組中營業管轄區內擁有最多滑雪場的路線，因此才會有以滑雪客為主的夜車「修普爾號（音譯名）」的問世。最近「修普爾號」也和女性專用車輛相結合，讓所有意在享受滑雪和雪橇之樂的乘客都能盡興，包含東北暨上越新幹線在內的JR東日本線，每年的乘客率都以10%的比例增加。另外，車內販售的鄉村套裝旅行商品也頗受旅客歡迎，車上不但免費租借旅行團成員所有滑雪用品，同時還聘請專家為旅客安排一系列的講習會。

另一方面，東海道新幹線雖是JR東海的黃金路線，但在來線的營運情形就顯得一落千丈，於是在來線鎖定滑雪客或初次到訪的旅客，在連接名古屋及松本・長野的中央線特快「SINANO號」上導入了新型車輛，同時加開二十二班臨時列車，意在爭取從關西中部前往信州方向的旅客。此外，在東海道新幹線中，「NOZOMI」和「HIKARI」的營運狀況尚稱良好，但是「KODAMA號」的使用率卻一直不見提高。因此，東海道新幹線從一月至三月間對外販售折價券「綠色車體經濟計劃」，讓來往於東京和大阪間的旅客節省了四千四百三十日圓的票價。

JR西日本也運用智慧，鎖定年初及年底攜子返鄉的旅客，在山陽新幹線增開臨時列車「Family HIKARI號」。而空出餐車用車輛一半的空間，增闢為孩子們自由玩耍的遊戲空間，也受到相當大的迴響。

至於JR九州線的最大目標，則在於增加本州來的旅客量。除別府外，九州線上還擁有許多溫泉場，再加上到長崎（音譯名）觀光的旅客不少，因此九州線遂以溫泉場和長崎House Tempos的觀光作為主要企劃的旅行商品。此外，JR北海道線目前正努力把冬季最大的賣點「札幌雪祭」

納入該路線中。至於JR四國線則是以「高爾夫之旅」和「八十八個據點巡禮」等商品一決勝負。

就這樣，JR各分公司於冬季推出的各種戰術，在企劃手法上都明顯地活用地域的特性，這一點相當有趣。

巧妙吸引女客人的JR各分公司

最近日本流傳OL（上班女郎）有「三多」：一、說的多，二、吃得多，三、麻煩多。其中麻煩多指的是，JR各分公司感覺最近的女客人是越來越難伺候。

JR東日本這次在以滑雪客為主加開的夜車上，增闢了人稱「仕女車輛（Lady's Car）」的女性專車。這種車輛的車門上明顯示有「女性專車」的字樣，而每輛晚間十一點過後出發的列車上，除了有車長驗票外，還會有專人在熄燈後的每個固定時段裡巡視女性專車的情形。

據說女性專車的成型，係業者在滑雪季節從乘客問卷中意外地發現，有不少人反映，希望JR東日本能增闢讓人可以放心搭乘的女性專車。待調查結果一出爐，業者便立刻作出回應，這正表現出舊國鐵時代前所未見的行動力。

事實上，第一個率先提出「女性專用」概念的是JR東海線，因為早在JR東日本之前，JR東海線已經從一九九〇年開始，在晚間八點半由京都發車前往長崎和佐世保的臥鋪特快車「AKATSUKI」上，設計了女性專用的座位（不是睡鋪）。如此貼心的設計，是業者考慮到睡鋪可能帶給女性的不便（因鄰旁可能坐著一位熟睡的男客），才把睡鋪改成座位以避免這種尷尬不安的情形，同時讓女性乘客在熄燈後仍然可以看書。對於清晨到達目的地的乘客來說，座位式的設計可充分滿足乘客小憩片刻的需求。因此，JR東海線的專用座位頗受人歡迎。

推估客源以家庭成員居多的JR西日本線，也考慮增闢女性專車，至於實施的對象則是夏天從關西發車前往信越地區的列車，這種以休閒地之旅吸引女性組團搭乘的手法，實在耐人尋味。

JR東海線與小田急線的巧妙戰術

鐵路公司的促銷手法，未來可能走向一次大量提高業績的作法，其中以企劃力取勝的強力業者仍要屬JR東海線吧！

如何把東京的民眾拉往西日本旅行，是鐵路業者努力的目標，因此展開的促銷策略也是琳琅滿目。從熱海到靜岡或東京到東海地方的名勝、東京到京都，都是業者集中宣傳、極力促銷的旅遊路線。

前不久，東京車站的八重洲口貼出一張海報，上面寫著：「搭乘KODAMA，享用美食」的宣傳語，這是以KODAMA車站的美食之旅為訴求所設計的海報，海報上把美食和所搭乘的工具及享用這個動詞融合在一起，這是相當高明的手法。此外，JR東海線甚至還根據季節的變化，推出一系列不同訴求的企劃性旅行，如：「造訪冬天的京都」、「到長良川餵鵜鶘」及「濱名湖的品鰻之旅」等等，都明白地顯示業者極欲提高集客率的用心。

或許每個地區不一樣，但各地對釣鮎的禁令大多會在六月一日這一天解除，於是JR小田急電車巧妙運用這一點進行促銷。小田急電車會在五月三十一日的深夜從東京的新宿車站出發，目的地是小田原附近的車站，所有的旅客在電車尚未停車之前，都可安心的一覺到天亮。而隨著黎明升起，電車終於駛進車站，所有旅客便一起前往釣鮎場展開一天的活動，當然回程也是搭乘小田急電車，而這種主題式的企劃手法，必定能帶動車上熱鬧的氣氛。JR東海線和JR小田急線的企劃手法，或許可作為其他業者的參考。

鐵路事業縝密的經營計劃

說起鐵路事業，我們若從其促銷面來看，就能發掘令人尋味之處。由於鐵路事業具有強烈的公益色彩，無論是沿線開發或擴大經營範圍，新都市開發計劃中的新設鐵路，都是鐵路事業的主軸。雖然這種說法與事實相符，但鐵路業者對於乘客的平均化（即乘客平均上下車的情形）和提高假日的乘客率，都規畫出大範圍而完整的事業計劃和業績計劃。

以沿線開發來說，提供沿線居民搭乘的便利性是鐵路事業必須考慮的重點，但這個考量卻是使鐵路事業業績不振的頭痛問題，也就是說，這種方便性只能讓業者爭取到白天上班上學的乘客，到了傍晚的塞車時間，乘車率就不若白天。當然，逆向路線的情形就正好相反，因此電車營運的好壞很難預估，加上中午和假日的乘車率更是令人灰心。因此，不論鐵路事業的公益色彩多麼強烈，但是為了營利，如何確保營運業績、同時提高集客率恐怕是鐵路業者不得不重視的問題。

為了確保電車傍晚的集客率，鐵路業者遂把焦點放在如何誘使鐵路沿線前端、電車終點站附近下課學生，讓他們都搭電車回家，藉以提高不若白天集客率的夜間搭車的乘客（學生）數。由於白天都有必須搭乘電車通學的學生，因此在乘客數上業者比較容易預估。

至於如何確保假日的乘車率，在此建議業者不妨在路線的起點（都市中心）闢建自營的車站大樓，讓沿線居民可以利用假日攜家帶眷地搭車前往車站大樓購物，這麼一來不就提高了集客率嗎?另一方面，還可以在沿線郊外興建遊樂場和休閒設施藉以吸引假日的乘客。

透過鐵路事業的例子，我們知道「促銷就是一種把戲」，而玩這種把戲的始祖正是阪急電鐵的董事長小林一三。當時小林就是在大阪郊外的廢棄荒地寶塚，興建起藝術的殿堂藉以吸引搭乘阪急電鐵的乘客。

不斷推出熱賣商品的JTB創意大王的故事

JTB（日本交通公社）的市場開發部經理大東敏治先生，是一位相當有創意的人。過去他想出許多旅遊商品，也因此獲得無以數計的社長獎，如此備受讚揚的他，是旅行業界未來的企劃明星。

由大東設計的最佳熱賣商品，是為旅者事先籌畫旅行儲金的「預存盤纏」。從商品的命名就直接反應出業者的訴求，從此可見大東的巧思。這項商品一掃人們籌措盤纏的艱苦印象並深受女性好評，據稱該商品每年替JTB賺進一千億日圓的收益。

其他諸如年金貸款的「年金旅行計劃」及招來三萬五千人次參加的「魯克（音譯名）」計劃，所擬定的到夏威夷旅遊的「好天氣擔保計劃」等，都是業者運用巧思所推出的套裝商品，這種把旅費商品化，巧妙提高購買力的作法堪稱一絕。

從陸續推出的創意商品可知，大東先生真不愧是一位創意大王。

含蓄的大東先生曾經說過：「世界上有專家就有外行人，沒有專家就沒有所謂的外行人。專家雖然專業，卻聽不進專業領域中其他人的意見，而對非專業領域的所有事物也全然不感興趣。但外行人就顯得自在許多，他在任何領域都抱持著學習心，求教於他人。」大東先生的一席話具有極深的意涵。

據說他經常一個人在公園裡閒逛，心裡想的都是現代的主婦、上班女郎和中年男性到底要的是什麼？他一邊想著一邊蘊釀企劃的靈感。週末時，大東先生不是在千葉的圓木屋除草就是到槍之岳爬山，藉休閒活動來汲取旅遊商品的企劃創意。

可輕鬆購買的套裝旅遊券

受到法規日漸放寬的趨勢，旅行社的促銷戰術也活潑起來。

首先要談的是近畿日本Tour Lis與位於東京文京區的社區網路（Community Network，簡稱CN）共同推出的套裝旅遊券。透過合作，雙方共同在首都圈AM暨PM店鋪裝設可以預約及購買八百種票券的電腦「CN購票箱」，讓購買者透過電腦得以預購價格相當便宜的旅遊券和海外套裝旅遊券。未來，近畿日本Tour Lis與CN將推出海外六條、國內五條旅遊路線。

此外，因計劃成立航空公司而引發話題的大型旅行社HIS，如今也和SEZON（音譯名）集團旗下的旅行社泛太平洋系統（簡稱PTS，位於東京豐島區）合作，共同設計十一條海外套裝旅遊路線。在價格上，這些套裝旅遊仍一本HIS的作法，推出洛杉磯五日遊只須五萬六千三百日圓的便宜旅遊行程。

另一方面，日本最大的旅行社JTB則和位於東京港區的桑克司暨伙伴們（意譯名）公司共同合作，利用在店頭裝設電腦的作法，展開海外套票的預約、販售服務。

過去依法規定，除設有「處理一般旅行業務之主任級主管」的旅行業代理店外，其他業者不得銷售旅遊套票，但如今法令的鬆綁，使得人們更容易購得日本運輸省販售的機票等等，同時也讓各旅行社為了生存，紛紛投入了擴大商品銷路的戰局中。

迎接即將來臨的輕鬆旅遊時代

「完全買斷」的手法已經成為海外旅遊業者的銷售重點之一，這種劃時代旅遊商品的問世相當值得喝采。

「四處奔走，行程排得滿滿的」可說是日本人海外旅遊時的縮影。如今業者思考的是，或許可設計一種旅遊商品，讓旅客能夠真正優閒地欣賞自己想看的東西。此外，業者也預估這種旅遊商品將不分年齡層，而可以吸引許多事先前來詢問的人。

首先以「探究埃及」為題，由JTB公司規畫的行程就極具魅力。該行程的安排，是在展示有圖坦卡門國王黃金面具的知名埃及考古學博物館閉館後，向館方買斷二個鐘頭，讓旅客可以慢慢欣賞這些古代遺物，全程十一天的旅遊計劃由東京出發，費用為十三萬八千日圓起，至於費用高低與否則端看個人怎麼想。此外，業者還推出另一種旅遊商品，旨在利用因米開朗基羅所繪壁畫而聞名的義大利西斯提納禮拜堂所應允買斷的二個鐘頭，讓旅客可以慢慢欣賞藝術瑰寶。

對於買斷時間的旅遊方法，日本方面的腳步是慢了許多。在美國頗受歡迎的主題區之旅，就買斷了「環球影城」晚間八點至十一點的三個鐘頭，讓旅客可以在這段時間裡盡情在「Jurassic Park the Land」遊玩，這趟名為「遊樂王國洛杉磯主題區五日遊」的行程將從東京出發，價格從九萬八千日圓起不等。

有趣的是全世界都一樣，觀光客們總會被想看的事物所吸引，全球的觀光地也到處可見大排長龍，想一睹寶物風采的人潮。業者就是抓住這種心理，才會想出買斷時間、以團體租借場地的手法來吸引消費者，這種創意相當高明。

另一方面，日本國內也利用這種手法，推出旅遊商品。近畿日本Tour List之子公司Joy（位於東京千代田區）就趁著滑雪季節尚未來臨之前，事先包下北海道餘市之滑雪場「奇洛洛滑雪世界（音譯名）」附近所有的飯店，藉以推出讓滑雪客充分享受滑雪樂趣的企劃商品。這種只考慮到旅者的作法實在耐人尋味，與其說是「買斷」，倒不如說這是一種接近「借斷」的手法。

我認為，這種「只去想去的地方、只看想看的東西」的旅行色彩濃厚的企劃性旅遊時代已經來臨，相信在我提出以後，腳步稍嫌延遲的日本旅遊業者應該會加快腳步迎頭趕上吧！

鎖定女性客群的業種

從今而後，各業種將鎖定女性為主要的客群目標，其努力的程度將好比男性在酒吧、賽馬場、小鋼珠店和高爾夫球場上表現出來的幹勁。

過去的釣友大多集中在某個年齡層，且都是利用閒暇時，組隊進行釣魚活動的一群人。但如今年輕的女性也陸續加入這個行列，他（她）們不用蚯蚓為餌，改以擬餌來釣的Black Bass法來釣，這種釣法相當受人歡迎，各地的釣場因此招來了不少女客人。為了因應增加的女客人，釣場業者甚至把小艇塗成粉紅色，並宣稱釣竿、魚線等用品這裡是一應俱全，而來此釣魚的釣友只須穿著便服即可。而位於市郊的知名擬餌釣場也改變作法，而以年輕夫妻為訴求，讓釣魚運動成為他們約會的另一項選擇。

此外，最近在日本亮相的本田汽車還利用釣場，推出「讓『Step Wagon』帶您前往」的廣告詞。雖然「Step Wagon」這種車種的外型實在不好看（關鍵可能在於車鼻部分），但為什麼大賣呢？原本計劃四千輛的月產量，如今每月收到的訂單竟有一萬五千輛，購買者非得等上二至三個月才能拿到車子。據說「Step Wagon」受人歡迎的原因，是因她寬敞的車內設計及降低車板的用心等的設計，在在滿足了女性或小孩的乘車需求，如此貼心的設計尤其擄獲了女性駕駛的心。此外，「Step Wagon」也是最適合全家出遊的車種，她扭轉了過去由男性主導的買車權，而讓女性（家庭主婦）駕駛也可依照自己的意見，指名購買這款車。

最近獨自前往海外旅遊的女性越來越多，而JTB推出的「個人歐洲（Personal Europe）」就是順應趨勢，以女性為訴求的旅遊商品。這種可以一人報名就可參加的歐洲套裝行程，自推出以來就佳評如潮。其中參加者70%為女性，熱烈的買氣證明了「女性獨自前往海外旅行並不安全」的說法已經過時。在這種套裝旅程中，從派車接機直接送往飯店開始，業者還增設了健全的專用櫃臺，以協助遭遇困難的旅客解決問題。此外JTB也慎選飯店，努力為所有獨自到海外旅行的女性旅客，提供一個既安全又完美的旅程。畢竟，在女性意識抬頭的今天，女性消費者已然成為業者不可忽視的客群。

不只是規劃休閒的旅行業者，如今不動產公司也在東京的文京區、目黑區，推出女性專用的別墅。此案一推出，當天就銷售一空。其中目黑區因買主特多，以致必須用抽選的方式來決定。據說這個案子讓業者創下有史以來最高的競爭率，其比率高達六倍。總之，女性市場是沒有底線的，其中的學問是相當深奧。

某些旅館相當歡迎獨自旅行的女性

自古以來，日本的旅館業者就對獨自一人旅行的女性，表現出敬而遠之的態度。當然店家之所以有這樣的顧忌，是因為考慮到獲利率和安全方面。但近來，接受獨自旅行女客投宿的旅館似有增加的趨勢，其增加的原因或許是經濟不景氣造成團體客人減少之故。和男性比較，女性是比較感性的，因此只要店家的服務不錯，女客人還會幫忙宣傳、建議有意前往海外旅遊的朋友及家人，可以選擇自己當時下榻的旅館。或許改變過去作法的旅館，就是看準這一點才接受女客的。

JTB自三年前就已察覺這種趨勢，並在小冊上刊登「可以一人投宿」的旅館名單。當初JTB總共彙整出五百家提供這項服務的旅館，如今這樣的旅館已增為八百家。此外，JTB還針對北海道、東北和金澤等地，推出一系列的旅遊書，每本的銷售量都超過十萬冊。

而由「實業日本社」發行的旅遊書《遍布日本的一人投宿溫泉旅館》（譯者暫定的書名），自發行後就獲得廣大迴響並多次再版，於是「實業日本社」遂信心滿滿地再次推出賣況也相當不錯的《民宿篇》。

據我個人經驗，某家接受一人投宿的「華之湯」旅館（位於靜岡縣伊豆長岡）相當值得推薦。「華之湯」兩天一夜、附早餐的一人收費價為八千八百日圓。如此的消費和二人以上收費六千八百日圓的價格相比，絕不能算是便宜；但絕對尊重客人隱私權的「華之湯」卻擁有佔總投宿人數三成的女客人。

利用巴士販賣土產，並提供外送服務的業者

如何攜帶土產和行李，對旅行的人來說是相當頭痛的問題。

這個新興事業的規模雖然不大，但事實上已有部分業者從事解決這種頭痛問題的相關生意。拿針對海外旅客為銷售對象的Traveler（位於東京千代田區）來說，該公司總會把握機會適時與旅行社合作，對乘坐巴士旅遊的國內旅客，促銷土產並且展開外送到家的服務。

Traveler公司會先製作好印有各地不同土產的傳單，然後再把傳單交予搭乘巴士旅行的遊客，選購土產的遊客將在二天後收到東西，每件東西的送件價格在一千～一千二百日圓之間而且數量不限，所列的土產將配合旅遊的內容而定。全是銀髮族旅者的行程就會列出當地知名的醃漬品，但如果整團不是小孩就是女性的話，則多以點心類土產為主。

這種「送貨到家」的服務，是把客源鎖定在二天一夜以上的行程，同時參加者超過百人的團體。然而這樣的服務手法，或許可以求得更多的促銷管道，例如針對公司旅遊、畢業旅行或與運動大會、比賽相關的行程等等。

從土產外送到家的服務看來，在業者將每位客人的單價收費（土產購入價格）從一萬日圓提高為一萬五千日圓之後，其每年的營收應該可以達到三億日圓。

日亞航的促銷手法

「要喝特利斯（一種酒類），就到夏威夷」是日本人自古流傳的一句話。對日本觀光客來說，夏威夷是極具魅力的觀光樂園。因此，日本亞細亞航空（JAL）便看準每年會有二百萬人次到夏威夷觀光，而大幅增加飛往夏威夷的班次。除了從東京起飛外，也有從札幌、仙臺、名古屋、大阪和福岡等地起飛前往火奴奴魯和科納島的班機。

為了進一步掀起夏威夷的觀光熱潮，JAL甚至展開「King of resort JAL夏威夷之旅」的活動，透過電視廣告播放受人歡迎的新曲「風中傳奇（Legend of Wind）」，並藉知名音樂製作人小室哲哉的大名，來促銷夏威夷的觀光行程。

令人驚訝的是，對於促銷內容，JAL送出了不少大禮。

在活動期間，業者推出只要搭乘JAL前往夏威夷，就可能成為一萬名旅客中獲贈「JAL 夏威夷Original Goods」和「JAL Original TRF Concert」招待券的幸運兒，此外JAL還為五種行程，設計出各種不同的獎品（括弧中的數字表示中獎人數）。

● 「WAVE行程」的贈品是，針對戲水人士所設計的具防水功能的CD Player（一千五百人獲贈）。

● 「Body G行程」的贈品是，針對參加JAL Original的旅客所設計的Body G手表（三千五百人獲贈）。

● 「TRIP行程」的贈品是附提手的提袋（三千五百人獲贈）。

● 「VIP行程」的贈品是「JAL Original TRF Concert」的招待券（共有五十組一百人獲贈；並且提供貴賓房、餐點和住宿東京都內飯店的服務）。

● 「LIVE行程」的贈品也是「JAL Original TRF Concert」招待券（二千九百人獲贈）。

欲得到贈品的人只要在活動期間，剪下JAL飛往夏威夷班機的搭乘券，然後貼在明信片上寄到日亞航公司便可得到贈品。日亞航就是利用「搭乘JAL前往夏威夷」的促銷方案，以在業界爭取優勢的地位，其手法可謂業界的創舉。

航空公司的各種促銷手法

對航空公司來說，如何儘早得知訂票人數，讓飛機座位全滿，同時增加公司飛機的飛行次數，都要運用相當的智慧才能擬出對策。

如今日本航空推出「提前14提前28」的促銷活動，其作法是針對提前十四天買票與提前二十八天買票的乘客，分別提供降低20%及30%運費的服務。

比起JAL，全日空的手法既細心花樣又多。對於提前二十八天買票、行程超過三天二夜的乘客，全日空展開了降價40%的「超級優惠」措施，這種針對事先買票所設計的折扣方案，還包括所謂的「優惠28」及「優惠14」等等。此外，視搭乘次數推出的運費優惠方案，係針對搭乘四次、搭乘六次及搭乘無數次的乘客所設計的，從這些優惠措施可知，航空業者是多麼努力拉攏老顧客的心。其中，在有意領先「新幹線推出的優惠措施」下，航空公司甚至表示搭乘過無數次的乘客，不必事先買票就可以獲得最多便宜33%的票價優惠。

不甘示弱的日本Air System公司也推出「贏得先機的藍波機票」一決勝負。其作法是針對提前二個月、提前四週及提前二週買票的乘客，分別收取便宜45%、30%和20%的票價。對一大早前往機場搭飛機的旅客，日本Air System公司更使出絕招，讓搭乘早上六點班機的乘客可以購買降價40%的「早起機票」，至於搭乘夜間及搭乘早班回航飛機的旅客，則可分別購買降價15%的「月光機票」和降價10%的「白天回程機票」。而集滿六張回數票就可以獲得15%的折扣。此外，Air System推出的商務機票（降價15%）及所限定的四條飛行路線都有接近30%的降價空間。

這麼看來，徹底以顧客為導向，推出多選擇性優惠服務的業者當推ANA和JAS，他們的服務正是事先買票同時經常搭飛機的人之最佳選擇，至於JAL在這一點上是遠不及他們的。有鑑於此，JAL也針對事先買票及在週末搭飛機的旅客，提出降價45%的優惠方案以為亡羊補牢之道。從航空業者的促銷手法可知，過去國營事業和民營事業的服務水準是有差距的。但要注意的是，前面提過的「折扣制度」必須在季節、路線、班次、座位數上有所限制之後，才能進一步加以實施。此外，關於以上的折扣條件，最後也會隨著羽田機場的擴建，而產生各航空公司擴大折扣實施範圍的情報。

因應航空運費調幅的旅行社

如今各大旅行社已開始建構可以快速檢索最適運費，以因應航空公司運費調整幅度的系統。

以JTB為例，一邊看著電腦螢幕一邊檢索最適運費及查看乘客訂位狀況的系統已經建立起來。在相同的運費路線下，JTB還可以透過電腦知道哪一家航空公司的運費最便宜，而連帶啟動的乘客訂位系統，更提高了電腦的操作性能。在相同的電腦畫面中，所剩的空位子數目也會顯示出來。

近畿日本Tour List也建構了與航空公司運費調幅相對應的系統，而該系統在與其他三家航空業者的電腦相連後，還能顯示出每天最新的情報。

近畿日本Tour List的系統不但可以瞬間顯示出最便宜的運費，更可以出示複雜的折扣條件（如：路線、班次和座位數目）。如今，近畿日本Tour List正計劃建立一套以雙管道（double tracking）以上的六十條路線為對象，最後擴大到所有路線的系統，而日本旅行社也正著手進行系統開發的動作。

對使用者來說，航空運費因運費調整變得便宜固然是好，但不可否認的是，紊亂的打折條件也使得業者無所適從。因此，藉所導入的系統讓電腦清楚出示路線和班次以提高業績，這似乎已成為各旅行社的必要措施。

在各家旅行社相互較勁的同時，如何透過系統事先控管飛機的訂票情形，以提高集客率的作戰方式已經展開。

以觀看二十一世紀的「日出」為號召

公元二〇〇〇年已近，這次讀賣旅行社（位於東京中央區）推出了劃時代的旅遊商品，該商品就是在太平洋上的換日線膜拜二十一世紀的「日出」，這項企劃內容對日本人來說，是既特別又引人注目的。

讀賣旅行社計劃在西元二〇〇〇年十二月二十五日，利用豪華郵輪「飛鳥號」（大約二萬九千噸）搭載旅客，並且由東京港出發，然後航向換日線以率先迎接二十一世紀的來臨。

搭乘郵輪的旅客可以在船上膜拜日出，而郵輪也會在一月三日停靠火奴奴魯，並於一月十四日駛回東京港。這個為期二十一天二十夜的旅遊商品，其郵輪費至少一百三十二萬日圓，成員預定五百人。至於船上的活動，業者是打算延請評論家長谷川慶太郎和竹村健一先生作一場「二十一世紀演講會」。

另一方面，日本旅行則領先讀賣旅行一步，於一九九九年十二月二十一日出發，翌年的一月十八日返航。該公司也是利用「飛鳥號」販售名為「二〇〇〇年的黎明」的旅遊商品，如今該商品已銷售一空。

說得更正確些，儘管二十一世紀是從西元二〇〇一年開始，但是西元二〇〇〇年的黎明比較具衝擊力，所以日本旅行社才會以它作為企劃的訴求。

不管真的是二十一世紀的日出或西元二〇〇〇年的日出，只要巧妙抓住顧客想看日出的心理，那麼真假就變得不重要了，因為不管怎樣，哪一個結果對業者來說都是皆大歡喜的。

賣況佳的年長者旅遊商品

「您想不想花一個月的時間環繞日本一圈？」

這是JR北海道每年舉辦巴士旅遊所推出的宣傳語。由於參加者眾，又是為期一個月的長期旅行，因此報名參加的人幾乎都是年齡六十歲以上的年長者。

這個受到相當歡迎的旅遊商品，其行程計劃是每年三月中旬從札幌出發，直驅南下本州沿太平洋一帶經四國進入九州，最後隨著「櫻前線」北上來到本州，這是依年長者所設計的路線。共計三十一天三十夜的行程，收費只須八十八萬八千日圓，這是其他業者不能相比的數字。此外，為顧及旅客都是上年紀的人，旅遊業者還細心安排參加者於行前，到每週一次巡迴各地的流動醫院測量血壓並領取藥物。由於這種旅遊商品深獲好評，所以JR北海道最近已將團員數從過去的八十人增加為二百人。

另一方面，JR各公司通用的「吉邦古俱樂部（音譯名）」也是不錯的企劃案。由於所企劃對象都是夫妻檔，或是三五好友結伴作國內遊旅的人，因此男性須滿六十五歲以上、女性至少要有六十歲才能成為俱樂部的會員，而每位會員如果曾經搭乘JR路線超過二百零一公里，那麼搭乘第三次時可以打八折，搭乘次數若超過四次則七折優待。

諸如此類的，以高齡者為企劃對象的旅遊路線很多，而對於地中海俱樂部（位於東京）推出的旅遊商品，我更是尤感佩服。其企劃手法是根據旅客的結婚年數來決定所優惠的折扣。以搭乘帆裝大型客輪「Club Mad2」的南太平洋新喀里多尼亞之旅為例，對於結婚二十年的旅客，俱樂部提出八折優惠，旅行費用從每人二十三萬八千日圓到二十八萬六千日圓不等，其中除供應餐點外，費用中也包括觀賞船上表演及一些基本項目的費用。

對我這個結褵四十年的旅客來說，我雖然不能享受六折優惠（因為業者提供的最大折扣數為七折），但是對於地中海俱樂部的企劃概念，我仍表佩服。

海外「當地出發旅遊」已成為魅力商品

說到海外旅遊，隨團旅行（Package Tour）恐怕是最熱門的商品。但和過去不同的是，自行安排飯店、購買機票的方式，已靜靜在今天這個社會形成風潮。

過去是因為需要，但現在如果趁著淡季前往歐洲，如果認真尋找，還可找到比較便宜的機票及落腳飯店。對於有過幾次海外旅遊經驗的旅客來說，一般的跟團旅行已經不能滿足他們，即使是島國的日本，海外自助旅行也因為海外的交通暨海外飯店的情報容易取得，也越來越多的人喜歡這種旅遊方式。

另一方面，「當地出發旅遊」的方式如今頗受日本的年輕一輩喜愛。這種旅遊方式是自己購買便宜的機票並參加當地的旅遊，其主要的交通工具多為巴士。以下舉出數個「當地出發旅遊」的行程，供讀者參考。從美國的洛杉磯出發，收費六萬九千日圓的「美國西部巴士八天之旅」；埃及開羅出發，收費九萬二千日圓的「埃及冒險之旅」，為期十五天（其中還包括三天的尼羅河巡航之旅，以及紅海浮潛等行程）。此外，對於喜愛冒險且不畏寒冷的人來說，「阿拉斯加犬拉橇六天之旅」是不錯的選擇，該行程是乘坐由阿拉斯加犬所拉的雪橇，從加拿大的費班克斯（Febankas）出發，探險阿拉斯加，同時夜宿帳棚的旅遊計劃，如果運氣好的話，有時還可以看見極光。「阿拉斯加犬拉橇六天之旅」也同時為旅客打理三餐和準備禦寒衣物，收費二十萬七千日圓。另外還有搭乘巨無霸飛機，從澳洲雪梨（Sydney）出發的「流覽南極十二個小時半」的旅遊行程。

參加「當地出發旅遊」的人可能越來越多，這些旅遊行程可以透過日本的旅行社「地球探險隊」洽詢相關事宜。

說到探險，這次JTB推出的旅遊商品——「尋訪亞歷山大大王足跡的東地中海三十五天之旅」——雖然價格（一百三十五萬日圓）不便宜，但是趁著探索世界遺產暨祕境的熱潮未退，鎖定有錢有閒的成熟年齡層，未嘗不是旅遊業者促銷的利器所在。這次JTB推出的旅遊商品，其路線是循亞歷山大大帝東方遠征的路線，途中從希臘到埃及行經六個國家。此外，乘坐RV車享受在非洲納米比沙漠之馳騁樂趣的冒險路線，也是JTB另一個令人心動的旅遊商品，這個四天三夜的行程目的地為知名的神殿「希瓦・歐亞西斯（音譯名）」。

儘管有以上的旅遊商品，但在日本以冒險或探險為名的旅遊商品卻是寥寥可數，其原因不知是企劃人員缺乏創意，抑或日本運輸省的規定過於嚴格所致。我認為即使沒有關於冒險或探險的旅遊商品，但是像「空中鳥瞰富士山和某阿爾卑斯群峰」及限於夏季推出的「全國洞窟巡禮」等旅遊商品，也是值得業者考慮的企劃主題。

以直銷方式降低票價的EG Jet

接著不以日本為例，而舉歐洲的例子。在英國有一家航空公司靠著一支24小時預約服務電話，將公司經營的航線做得有聲有色，業績更是快速攀升。為了提供機票的預售服務，這家名為EG Jet的航空公司成立了預約中心，該中心是由一百二十位總機人員透過電腦和電話，為顧客提供快速的電話訂票服務。

一接到購票電話，預約中心就會給顧客一個「預約號碼」，讓顧客可以憑著這個號碼及出示身份證、護照後，到機場櫃臺就可以拿到機票，同時也可以刷卡付費。由於不經過旅行社代售，所以不但可以降低25%的銷售成本，票價也可以下降。非但如此，EG Jet甚至還對飛行時間大約一至二個小時的班機，提供艙內的餐點服務，並嚴格把關以避免「若延遲搭機時間就退錢」和「變更班機時間」的情事發生。

EG Jet航空沒有銷售櫃臺，而是利用一支電話的售票手法是其強力的宣傳重點。EG Jet對外的廣宣都是公司自行製作，而社長則是廣宣製作的重點，其中尤其特殊的是，EG Jet航空在其客機機身上寫著斗大的「099029129129」號碼（事實上，這個號碼正是EG Jet航空預約中心的電話號碼）。一般航空公司多會在機身上留下公司標誌和設計型式，但EG Jet航空卻率先以前所未見的作法來宣傳，其作法可謂先進。

據稱，運用獨特創意展開低運費航空事業的EG Jet航空，自創業一年來，就載運了一百萬人次左右，成績輝煌可見一斑。反觀日本，HIS也是一家利用低機票急遽增加營收的公司，然而當她欲成立新航空公司之際，或許就要藉EG Jet航空的例子來思考經營之道。

在國內旅遊中提供低廉的租車服務

在日本，某些大型旅行社配合低廉的租車服務推出組合式旅遊商品，這種旅遊商品，主要是以沖繩暨北海道方面的行程為重點。

以日本旅行推出的沖繩團為例，在名為「閃亮天堂之沖繩休閒之旅」的行程中，旅行社提供了不在團費中追加任何租車的服務費用。而儘管JTB會在所提供的「Shuttle Rent Car Service」中，追加至少一百日圓的小型車租車費，以利旅客在機場到住宿飯店間指定區域內使用，但如果用車時間未超過六小時，旅客就可以免費自由使用，這種租車系統係依乘車人數來收費。

如今，近畿日本Tour List推出的驅車享受旅遊樂趣的旅遊商品「My Drive」，其市場反應相當熱烈，近畿日本Tour List甚至計劃在北海道或九州地區，擴大旅遊行程來因應市場需求。又以觀光北海道的行程來說，如今有業者針對三天二夜旅遊札幌、函館、小樽的四人以上團體，推出「每人收費五萬四千六百日圓到九萬一千八百日圓不等的團費，團費中除機票、住宿、飲食、觀光地入場券外，還包括租車費在內」的旅遊商品。

而日本東急觀光推出的「BMW沖繩Free Time」商品，則意在突顯旅客的尊貴，讓旅客可以乘坐BMW流覽整個沖繩島。由於使用德製高級房車BMW，所以讓人有物超所值的感覺。此外，東急觀光雖限制了租車時間，但就四人使用三天二夜的租金來說，每個人只須分攤六萬七千日圓。順帶一提，一般BMW租用三天的價格為六萬八千七百日圓，由此可見，這種「BMW沖繩Free Time」旅遊商品的收費實在低廉。

由於近來消費者感覺日本國內旅遊的收費，比起旅遊塞班島的收費要高，因此各旅行社才會在旅遊沖繩暨北海道地區的行程中，提供這種欲使顧客回籠的租車服務。

方便殘障者旅行的旅遊商品

近畿日本Tour List推出了一種讓殘障人士可以和一般旅客共同組團的獨特旅遊方式，這種旅遊歐洲的特殊旅遊商品稱作「奇蹟之泉和莫內花園十日之旅」。在行程中，失明者可以攜導盲犬同行，行動不便的殘障人也可以乘坐輪椅隨團出發。由於這種企劃性商品，能讓殘障人士和一般的旅客達到情感的交流，就更顯得其難能可貴。十天的收費為四十八萬八千日圓。後來，近畿日本Tour List又針對其他視障人士，推出在美國享受騎馬和露營之樂的套裝旅遊商品，此商品已經定案推出，據我推測這種考慮到殘障人士的需求所設計提供的商品，其市場將越趨熱烈。

另一方面，JTB不但和日本的福利團體共同設立了一家以殘障者為訴求的旅行社「旅遊網路(Travel Net)」，同時也開始使用一種讓行動不便的人可以地輕鬆上下車，並附加把手的大型觀光巴士，這種觀光巴士可以讓行動不便的人直接坐著輪椅作一趟巴士之旅。

除了旅遊業者之外，如今飯店業和租車業也開始導入這種以殘障者為訴求的服務。

拿飯店業來說，如今在飯店內部的樓梯旁，增設一條斜坡的飯店已經增加。其中像東京新宿的京王廣場飯店，就為住房的聽障者免費提供一種，利用光和振動來感應敲門與FAX接收的裝置，對當事人來說，這些裝置難道不是方便他們感應外界訊息的物品嗎？

此外還有一樁振奮人心的消息，即日本豐田汽車為了導入一種備有扶手的「Heartful Car」同時進行促銷，並透過系列租車公司推出三個月的免費試乘期。日產汽車也透過神奈川縣的分店，導入了讓行動不便人士可以自行操縱的車輛。如今，歐利克斯出租公司甚至實施「殘障者折扣制度」以保障殘障者的購車權。

儘管殘障者的旅遊市場規模不大，但每年大約七千八百億日圓的營收，卻道出了業者並不在意規模的大小，而是重視到殘障者的需求，而施以「誘使顧客上門」的策略。

第五章

一般利用網路的促銷方式

一般利用網路
的促銷方式

網路事業實例集

首次建構日本第一個電子模組的凸版印刷

大型印刷公司凸版印刷（位於東京千代田區）已經踏入了網路事業這個領域，其腳步之快可謂印刷業界的始祖。經過長久的準備，在一九九六年四月，凸版印刷便正式成立了「多媒體事業部」，以鎖定支持者進行強力推銷。

「多媒體事業部」的成立過程可謂傳奇，在該部門未成立以前，由於奧林匹克運動會的照片必須立刻傳送出去，於是業者遂展開照片電傳的研究。當時的技術有限，色彩方面仍有各種困難有待克服，例如：色素必須在分解後才能傳送等等，然而到了一九九四年，美國開始運用網際網路，使彩色影像和文字情報得以一併傳送，於是，凸版印刷遂起而傚尤著手建構日本第一個電子模組「CPJ（Cyber Publing Japan）」。

儘管現在許多企業、團體或者個人都有自己的網頁，但對使用者來說，製作網頁是何其不易的事。因此，凸版印刷遂把事業發展的焦點放在「將網際網路塑造成新興廣告媒體」的目標上。

究竟CPJ是什麼？如果把它想像成大型商店街或者出租大樓就更容易了解了，CPJ網路是在凸版印刷公司加入（出租）後，才得以建立的。

使用者如果最早存取的話，所有加入企業的總覽畫面就會出現。若該畫面有顯示出自己喜歡的公司，使用者只需在選擇商品後加以存取就行了。

CPJ網路除去了企業或個人單獨設計網頁的麻煩，同時收費也不高。順帶一提的是，網路最初的製作費係依頁數的多寡而定，但仍需三十萬至四十萬日圓，而且網路整年的使用費需要一百二十萬日圓，因此只要網路的參與者增加，每個月就只須支付十萬日圓的使用費就行了，而現在凸版印刷公司的CPJ已經網羅了八十家大型企業參與。

業者預估透過這種推廣，應該可以增加網際網路的營收（即提高三至四億日圓的收入）。而若只從網際網路的廣告費來看，據稱在西元二〇〇〇年，全球將會產生五十億美金的網際網路廣告費。

開發和電視節目一同啟動的網路的NEC

透過電視節目或電視畫面之相關網路情報的啟動，將該電視節目和畫面同時播放在電腦上的系統「WebSync」，是日本NEC公司開發的新產品。透過「WebSync」，使用者可以看到與節目相關的情報畫面，並點選網際網路所顯示的相關情報。由於「WebSync」在各種畫面中，設計了讓使用者可以配合節目進行的狀態，讀取網際網路首頁的程式，因此，當使用者看著畫面存取時，該網頁的情報就會顯示在畫面上。

拿網路情報畫面來說，使用者可以一面看著海外的知識性節目，一面學習外文的單字或文法。此外，畫面上還會顯示出拍攝地點的地圖或相關文獻的情報，即便是唱歌節目，畫面兩旁也會顯示出歌手現在所唱歌曲的樂譜，同時還原音重現出放映中的西洋電影的對白。

如今，NEC已開發出「事後一邊看著錄下的電視節目，一邊製作首頁」的軟體。由於該軟體可以透過個人電腦來使用，因此朋友或同儕間製作共通的首頁，一面看著戲劇或音樂節目，一面互相交換感想已經成為可能。科技進步如此，未來的世界又是怎麼一個模樣呢？

踏進廣告業的NEC公司

「BIGLOBE」是NEC所展開的系統。透過網際網路的連接，「BIGLOBE」提供各種節目的傳送服務，如今加入該系統的會員人數已達二百零九萬人。「BIGLOBE」是把在首頁上特定的長方形空間，當作會員刊登廣告的空間。對於媒體利用方面，「BIGLOBE」將其分成兩種型式，一是以月為單位借予企業或團體刊登的固定型，另一是多數企業互相輪流刊登的輪流型。而即便是相同的首頁，受歡迎或不受歡迎的廣告都會刊載於這個空間，因此價格上當然會有差別。

例如，一天若有大約九百人把資料存取在BIGLOBE的超級首頁的話，那麼固定型的月收費就是九十萬日圓，而若是一天大約一千人存取的首頁，NEC就會把月收費設定為二十五萬日圓。這種廣告刊登方式的特殊點在於「顯示次數保證制度」。NEC把該制度設定成四個階段，從顯示次數二十萬次者收費八十萬日圓，到顯示次數二萬次者收費三十萬日圓，每階段的收費標準不同。在顯示次數未及之前，客戶都可以無視於契約期間之規定繼續刊登。這種作法在廣告業裡，可說是有良心的作法。

此外，對於電子郵件中空間有限的問題，NEC還提供了可以直接發信的服務，其收費是每一千人一萬日圓，也就是說，NEC平均對每個人的DM費為十塊日圓。由於已知電子郵件之送信者的個人資料（如年齡、居住地以及性別），因此就商品的觀點看，該DM效果不可謂不大。

業界預測，本年度網際網路的廣告市場將達三十億日圓，業者同時預估西元二〇〇〇年，網際網路的廣告收益可能呈倍數成長，達到六十億日圓。

網路家電終於登場

如今，家電業界掀起一股所謂「網路家電」的品名旋風。它是一股將通信機能附加在一般電視，而非附加於電腦螢幕的現代風潮。透過遙控，使用者不但能將首頁顯示在電視螢幕上，

還能作出過去只能利用電腦和朋友通信的電子郵件的動作。由於電視是媒介物，所以沒有鍵盤，欲利用電子郵件和他人通信的使用者，必須使用螢幕中的文字一覽表，將電子郵件的文句輸入才行。網路家電製品中，以可以顯示電視暨網路二種畫面的機型居多，而由於減少了煩人的待機時間，所以這種機型似乎比較受歡迎。

夏普（Sharp）公司推出的32型寬螢幕電視「Network Vision」（售價三十二萬日圓），則以其能當作電腦顯示器使用的高畫質電視而自豪。至於三洋電機的「InterNeter」則是分成臥室用21型（售價十一萬五千日圓）及起居室用28型（售價十九萬八千日圓）等兩種機型的高畫質電視。這種電視的特徵在於，業者活用既存產品之生產線以降低價格的作法。未來三菱電機推出的28型「網路電視」（售價二十七萬日圓），也考慮外加通信用數據機以擴大市場需求。當然除了網路以外，BS、高視野（high vision）播放或文字播放對應型電視，也是業者的設計重點。

一九九六年間，網路家電界仍未見大型低電流業者松下電器產業和日本勝利者（Victor）公司有任何動作，其原因可能基於商品開發的機密，也或許是業者故意按兵不動，好讓商品於上市時引起騷動。

順帶一提，欲購買網路家電時，須注意通信用數據機會因機種不同而有分別。現在的通信用數據機有兩種，一種是每秒處理速度二十八點八公里位元者，另一是每秒處理速度十四點四公里位元者。如果只是處理文字情報，那麼搭配十四點四公里位元的數據機就行了，但若同時也要顯示畫面情報，那麼選擇二十八點八公里位元的數據機比較妥當。有些家電用品甚至限制一部機種只能選用一種連接器，同時還不能使用漢字撰寫電子郵件，還有些登錄標誌（即首頁的短縮登錄「book mark」）之記憶件數少的機型，這些都是選購網路家電時必須注意的問題。畢竟，慎選店面商品、考慮用途並仔細閱讀目錄再決定是選購網路家電的最適作法。

傳送一百一十四個單位情報的岡山縣廳

在「一課一室一首頁」的方針下，日本岡山縣自一九九六年十月起，針對縣廳內所有一百一十四個課與室，製作不同的網頁，就自治體的網站來說，岡山縣的網站規模堪稱全國第一。

由於意在宣導縣內所有的活動，因此岡山縣警察總部當然也會設立自己的網站。透過這個網站，使用者可以看到檢舉犯人的警官的照片及縣廳對協助警方辦案之有功人員所頒發的感謝狀。而以「登場！」為題，舉凡交通違規或生活有關的情報也可在這個網站看到，因此深獲大眾好評。此外，為了拉近警民之間的距離，縣警局搜查一課的課員還擔任網頁製作的工作，目的是改變民眾對警察的刻板印象，讓民眾知道警察也有柔性的一面，同時宣導警民合作的重要性。如今，縣警局的網站是岡山廳內上網人數最多者。至於女性、青少年諮詢室則是針對性虐待等女性問題，發揮諮商協助的功能。

為了透過網路，將縣內所有情報提供給全體縣民，岡山縣還提出設置CATV通信網之「岡山縣情報高速公路構想」。據稱該構想預計三年後完成，屆時縣民就可以享受到低廉的網路服務。

但接下來是各機關的事務問題，雖然原案的提議者也負責系統的建立，但是這樣發展不能製作出可以雙向溝通、交流的網頁，因此近來該網站的上網率有日漸減少的趨勢。有鑑於此，岡山縣政府遂在網頁裡附加了具有電子郵件功能的「多媒體信箱」，以便能雙向溝通聽取縣民的心聲，藉此將縣民的意見納入縣政的施行中，這樣的作法或許就是岡山縣網路的成功之處。

由地方自治體建立的電腦網路

與先前提及的「岡山情報高速公路構想」相對，如今各地方自治體也陸續建立網路系統。其中尤以神奈川縣的藤澤市與岐阜縣的作法最引人注目。

透過NTT（日本電信電話公司）提供的OCN（Open Computer Network）服務，以保障網路收益的作法已日漸為人採用。在藤澤市，一種透過網路讓市民可以抒發意見的「電子會議室」也終於啟動，儘管藤澤市過去每年都會舉辦一次市民與市長對談的「市民集會」，但那個場合只有部分市民可以發言，卻聽不到所有市民的心聲，但是透過網路上的電子會議室就不同了，它能讓無法親自出席市民集會的人也可以自由參加，至於市府方面亦同樣期待聽到全體市民對於市政的反應。

另一方面，岐阜縣也計劃透過OCN來建構「縣民情報網」，其作法是在美術館、福利機構、醫院等公共設施裡設置電腦，並透過網路免費為縣民提供縣內情報。此外，岐阜縣還計劃在縣內大約六百間中小學校裡設置電腦。大垣市則是展開縣政的第三階段「軟體日本」，藉以達到多媒體養成教育的目的。

然而，NTT提供的OCN服務卻有成本所費不貲導致推廣困難的事實。以低速系一百二十八千位元／秒來說，每月的花費是三萬八千日圓，再以高速系一點五百萬位元／秒來說，其花費為三十五萬日圓，甚至六百萬位元的每月花費要九十八萬五千日圓，如此高昂的費用並非個人所能負擔，因此利用OCN服務的系統多為自治體或者大企業。至於提供廉價的網路服務，讓一般使用者都能使用，朝向以個人為導向的撥接服務（dial up service）是必要的途徑。待中央與地方在情報獲得方面沒有價格上的差異後，提供地方情報的電腦網路或許才會更加興盛。

即時傳遞高爾夫球場的情報

把網路當作媒體，藉以服務球友的手法已廣受好評。對球友來說，過去必須蒐集許多資料，才能獲知每個球場不同的收費標準，但是現在透過網路，就可以立即檢索這些資料，同時還可獲知哪條路線可以揮桿，因此對球友來說，網路確實是獲悉資料的便利管道。

在此就以球場業者設立的「144俱樂部」網站為例，一進入這個網站，畫面上就會顯示出相當於幾萬日圓的鄉村俱樂部的特別優待券，只要點選所希望的路線，上網者就能將這張優待券列印出來，同時用做折價券。這種服務手法，除了針對以關東地方為主的六十條高球路線實施折扣優惠外，球場業者甚至還即時提供球友有關清晨打球、自我假日（self day）和預約狀況方面的情報，這種服務手法似乎深受想要進行團體比賽的球友歡迎。如今「144俱樂部」網站的網友每個月平均有四千人，而且泰半都是利用公司電腦上網的上班族，因此白天可能會有網路塞車的情況。

另外，大型運動用品公司蜜茲諾（音譯名）也展開類似的服務。該公司透過網路，針對高爾夫球教室的學員和信用卡會員，提供代為預約球場的服務。密茲諾的這種手法，頗值得未積極吸收訪客成為正式會員的球場業者學習。

與網路合作的滑雪場和職棒

對滑雪客來說，網路是十分方便的工具。今年降雪的狀況、積雪量、天候，甚至業者提供的服務、舉辦的盛會以及訪客參與的情形等所有有關滑雪場的情報，都可以透過網路瞬間知悉。而有意前往的人只要把行程目的、日程、住宿要求以及預算輸入電腦，就可以選出自己中意的滑雪場。

在此舉出關東地方提供網路服務的滑雪場。

●阿爾茲磐梯●神立高原●富士天神山●斑尾高原●信州●八方尾根等球場

此外，滑雪客本身利用網路傳送個人情報的動作也相當盛行。至於滑雪場業者的動作也是推陳出新，除了保證當季滑雪場地的品質外，同時還推出以初學者和滑雪高手為招收對象的保證班。

此外，職棒球迷也可以透過網路來觀戰。UHF神奈川（位於橫濱市）在九六年的八、九月間，已經開始轉播職棒騎士隊的比賽實況。透過網站，視聽者可以一面選取由五台相機拍攝的影像，一面觀賞球賽。此外，該系統甚至貼心地為上網人士提供了慢動作畫面以及球賽解說的服務。

日本Sun Micro System（位於東京世田谷區）九六年已經針對名為「Sun Super Major Series」美日棒球的八場比賽，提供網路播映的服務，所有超級比賽的動畫與聲音都能真實呈現在觀眾面前。

以諮詢服務促銷商品

不單是介紹商品（硬體），諮詢服務（軟體）方面也是商品促銷時不可或缺的要件。

在透過網路提供諮詢服務業者當中，位於東京千代田區的大型運動用品公司日本洛西紐（音譯名）是透過網路，向消費者提出哪一種滑雪板最適合的建議。

當滑雪者透過「滑雪選擇（Ski Selection）」，根據畫面上的假設問題，將自己的性別、年齡、體重、身高、滑雪年數、每年滑雪幾天及對滑雪技巧之自我評量等資料輸入電腦後，洛西紐公司就會根據這些資料來判斷滑雪者的實力，及其類型是屬於「教練級」或「初學者級」。此外，針對心中屬意的滑雪板性質，將「柔軟」或「小轉、大轉自如」等滑板特性輸入電腦，電腦也會替滑雪者選出最適合使用的滑雪板。

去年，洛西紐公司在日本創下全年總銷售量第一的成績，總共賣出大約二十五萬個滑雪板。據經銷商表示，受到公司透過網路向消費者提出有關滑雪板的建議影響，消費者希望業者可以推薦適合使用之滑雪板的聲音就不絕於耳。而對於消費者的這種困擾，洛西紐公司也總是快速加以回應，如此高效率的作法不愧為業者第一的風範。

不僅如此，洛西紐公司今後還將重組電腦程式，增加問題項目，以根據不同的滑雪者，計算出最適合使用的滑雪板的長度。此外透過網頁，洛西紐還將針對不同的使用者，設計不同的個性化滑雪板，以從中獲取未來開發商品的重要參考資料。至於日本國內滑雪場的各種活動，以及關於滑雪的世界杯情報，未來也會揭示在網頁上。日本洛西紐公司開發客源的手法就是這麼高明。

女性專用商品提供持續性服務

以女性為導向的新興服務手法已經展開。網路提供者似乎有意全數網羅占消費市場大約一成的女性客群，藉此一舉提高營收。

位於東京港區的阿蘭（音譯名）是一家經營網路事業及網路諮詢服務的公司，而網路連接服務系統「女湯（ON-NA-YU）」正是該公司所建構的系統。該公司之所以把女性鎖定為主要客群，係肇因於過去從事網路明星產品之開發與銷售的阿蘭公司，總能吸引大批女性顧客趨之若鶩地前來詢網路產品所致。

所謂「女湯」，是阿蘭公司向各位會員推薦的一種線上購物（On Line Shopping）系統。這個系統能讓使用者透過簡單的點選動作，初期設定明星產品。此外，阿蘭公司還有一個妙點子，就是和化粧品公司暨旅行社共同合作，以每月提供相當於三至五萬日圓價值的禮物，取代阿蘭公司免費對合作伙伴提供該公司之首頁的作法，藉此將募得而來的禮品，以每月一次針對會員開闢一個「禮品區（present corner）」。

另一方面，位於東京品川區、同為網路提供者的艾司艾司格暨阿希瓦依公司（音譯名）也展開了女性專用的服務「CALEN」。值得注意的是，在艾司艾司格暨阿希瓦依公司提供的網路服務中，她確實考慮到女性消費者的顧忌。她們針對女性會員，提供了二個網址，一個是一般可以對外公開的網址，另一是只能給予比較親近的人的網址，藉以杜絕發生性騷擾之情事。並把服務時間限定在上午九點至晚上九點，且課程收費從每年二萬日圓降低到一萬日圓的作法，難道不是站在女性客群的立場表現嗎？

據說九六年十一月於橫濱舉行的「女性之網路盛會」，三天之內就吸引了二萬名女性前來參與。和男性不同，不論是電話還是寫信，女性原本就是喜愛溝通的動物。據稱現在的網路使用者約占一成，或許透過逾一成之女性專用系統的建構，網路使用者的數目就會呈倍數成長也說不定。

加入產地直銷行列的農協團體

日本全國的農協團體終於透過網路，進行農產品的直銷。

位於宮崎縣清武町的南宮崎農協打著「把高級特產品銷售到全國」的名號，透過網路展開特產的PR動作，米和宮崎牛就是南宮崎農協全力推銷的名產。位於和歌山縣田邊市的紀南農協，不但加入大型企業建構的「虛擬商店街」網路，並且開始直銷紀州名產醃梅乾以及柑橘。而位於愛知縣豐川市的向日葵農協，也開始直銷香瓜、菊、番茄等農產品。據說，包含上網查詢的人在內，透過向日葵農協之網路進行交易的件數，已從每個月一萬五千筆，增加為每個月二萬筆的交易量。

都道府縣的農協聯盟也開始設計網頁，意圖將縣內的農協和消費者串連在一起。至於山形縣經濟農協聯盟以及長野縣農協中央會的作法，則是把縣內的名產揭示在網頁上。透過網頁，山形縣介紹了當地的名產櫻桃和西洋梨，而包含米、蘋果和果汁等加工食品在內的三十種左右的農產品，也能在長野縣的網頁上看到相關報導。

透過網路畫面選擇商品的消費者，可以電話向農協確認購買事宜，並於櫃臺付款後，就能在二至三天內收到商品。

各地農協的商戰原本就是一個網，但因進出的貨物幾乎都是生鮮食品，所以價格沒有一定。是故，某些消費者表示，下單購買後商品價格仍有變動的情形，往往令人困惑，有人甚至反應外送費太高了。無論如何，各農協利用網頁進行販售的手法，可以成為今後的課題也說不定。

和五千家店鋪建構情報網的資生堂

資生堂化粧品公司如今透過網路，建構了與小型專賣店之間的情報網路。在各小型專賣店資生堂設置了具有電腦功能的登錄終端機，藉以雙向交換商品動向、市場需求和促銷情報等等。自今年起實施後，資生堂公司預計在西元二〇〇〇年與全國五千家店舖建立合作關係，過去情報的流通往往是製造商單向地傳遞，但是現在製造商和經銷商卻可透過網路，相互地交換情報，如此的通路策略值得注意。

資生堂公司在東京中央區設立了子公司的情報網。在東芝的協助下，資生堂透過合作總共耗資六億日圓，建構了社內網站可以使用的「Intera Net」，並更進一步將該系統擴展至小型經銷商。

對於各經銷商，資生堂公司還免費租借具備POS（銷售時機情報管理）機能之電子暨網路連接機能的店頭終端機「JOIN」之本體。當小型經銷商透過電腦掌握促銷情報的同時，也成就了經銷商對資生堂公司的回饋。透過POS，製造商可立即掌握公司產品的銷售情形、客群年齡層等等，同時基於營收及生產計劃，該資料也是不可多得的珍貴情報。此外透過POS系統，製造商亦得以掌握小型經銷商的各種需求。至於透過電腦傳遞顧客需求的網路，因為可以直接傳送郵件，因此也可以應用在促銷手法上。對資生堂來說，若能把消費者的意見和希望直接透過電子郵件傳遞過來，是相當值得參考且應用在商業買賣上的重要利器。

過去製造商與經銷商因僅止於買賣關係，所以很難拉近彼此間的距離，但是現在透過網路，買賣的行為也可以是相互交換情報所得的貼心交易行為。或許資生堂公司也注意到這一點，才著手和五千家店舖建構情報網。

出版界正式加入網路行列

出版業終於也正式加入網路事業的行列。其推展的動機在於將發表新書，或是介紹公司沿革，但這樣的訴求，卻不足以吸引消費者上網查詢。其原因很簡單，因為支付高昂的上網費，看到的淨是業者刊登的廣告，這樣的服務已造成消費者的不滿。

有鑑於此，以平凡社為主的出版業者率先設立了「OJW（Open Japan World Net）」網站。如字面的意義所示，這個網站意在「把日本拓展到全球」，並日本史、日本文化史及日本文化與其他異國文化交流為題，將各種情報提供給使用者，其企劃手法在出版業界來說可稱一等。OJW網站未來將吸引和平凡社之出版品屬性相近的出版社參與，預計吸收十多家出版社共同加入OJW網站已成平凡社的目標。如今透過OJW網站，使用者不但可以進入「不錯嘛！很方便（意譯名）」這個網頁檢索最近逝世者的資料，同時也可以看到由文化人類學家今福龍太製作的「Cafe Creole」網頁。

不光是OJW網站，出版農業用書的農山漁村文化協會製作的「魯拉爾電子圖書館（音譯名）」網站，也是既特別又有趣。除了提供雜誌《現代農業》之記事的檢索服務外，透過這個網站，使用者還可以付費上網查詢有關「日本的飲食生活全集」的資料。其他像以語言教材為主力產品的「羊書房（意譯名）」及出版建築用書的「學藝出版社」等等，也以服務顧客為宗旨，設立了情報提供的網站。雖然大型書商平凡社與岩波書店已經透過網際網路，提供可確認自家出版品之庫存情報的服務，但礙於大型書商與經銷商及書店間的關係，該項服務仍因部分因素而未能展開，因此，各大書商正極力想辦法克服這些阻礙因素。

透過網際網路建構電子計算系統

透過網路的電子貨幣的時代似乎已來臨。

如今，櫻花、朝日、第一勸業和富士等各市立銀行業者，已和UC卡公司（位於東京千代田區）共同合作，開發出一種「讓持卡人透過網路購物時，可以同時在開戶銀行結算」的系統。建構這個系統時，日立製作所與富士通等業者也有參與這個計劃。

現在的網友是透過電話或傳真來購物，但如果這個系統建立起來，所有與銀行作業同步的電子交易便成為可能，但首先要有認證機關針對個人用電子資料（暗號）進行確認才行。也就是說，欲設立網站進行電子交易的加盟店，必須建立顧客的電子資料以證明與之交易的就是持卡者本人，且要讓購物者確認每筆交易都是自己將暗號輸入個人電腦後完成的。這項電子交易系統的發行手續費未來將酌收個人一百日圓，加盟店收費一萬日圓左右。

據稱，電子計算系統的開發需要大約四十億到五十億日圓，而對於這個開發案，日本通產省也積極提撥數十億日圓左右的資金以為贊助。而基於規格標準化的目的，所有日本的信用卡暨銀行業者甚至打算和國際萬事達卡公司（International Master Card）共同合作，考慮進行跨國性的電子金融合作。

這個專案自九六年六月起，已經透過森大樓推展的「多媒體都市開發研究會」這個網站展開實驗性動作。

基於安全上的考量，過去銀行業者對於透過電子儀器進行金融業務的服務抱持消極的態度，但僅管如此，諸如上述所言，由認證機構把關的電子金融服務的確已經展開。

資金調度也可以透過網際網路

如今，日本的都市銀行終於將展開透過網際網路，向客戶提供資金調度的服務，而第一家展開測試服務的「櫻花銀行」，除了能讓客戶透過網路進行一般的提款暨預借現金的作業外，連匯兌作業、提存款作業的明細等，都能透過網路查知詳細。這種系統雖不若以往銀行要酌收手續費，但是基於不肖人士可能利用不當手法進入的考量，所以不能說這種電子貨幣系統沒有安全上的顧忌。

雖說如此，但櫻花銀行獨自開發的暗號系統似乎沒有這方面的顧慮。據稱該系統具備的「電子錢包」功能（即透過網路調撥資金，以及利用IC卡輸入資金結算情報）將成為電子貨幣的基礎。

如今歐美各國已經建構了這種系統，身為經濟大國的日本自然不能落於人後。有了櫻花銀行的率先導入，或許這種電子貨幣系統將逐步實現也說不定。

訓練用的資產運用遊戲

透過網路，把投資當成遊戲的公司已經問世。這種資產運用的遊戲，對於關心投資的人來說是最好的訓練方式。

位於東京的Cavalry Digital Entertainment（音譯名）如今透過網路進行股票買賣及匯兌業務，並提供一種虛擬遊戲「KABUTO-CHO（日文漢字譯成兜町）」，讓網友們能在資產的運用上相互較量。事實上，「KABUTO-CHO」原本就是讓使用者可以根據每天變動的股價和匯率進行資產評估，同時進行股票投資的遊戲。欲參加這種虛擬遊戲，必須登錄成該公司的會員才能上網使用，每位會員的登錄費用為一千日圓，月會費為一千五百日圓。

由於這個網站每個月可獲得的資金有一億日圓，因此可以做股票、不動產、商品交易和匯兌交易等方面的資金運用，到了月底該網站還會結算每位會員資金運用的情形，並且告知所有會員各家上市公司的投資報酬率排行榜，以表揚獲利率最高的會員。透過遊戲的內容，該網站獲得了證券公司的支持，Cavalry Digital Entertainment還免費提供證券業者刊登廣告，並把未收的廣告費直接回饋給榜上有名的會員，至於禮品的提供者正是與該公司往來的廣告客戶。事實上，「KABUTO-CHO」高招的地方在於，讓證券業者透過這個虛擬遊戲訓練員工，並對他們施以團體折扣的服務手法。此外，Cavalry Digital Entertainment 也正在檢討以紐約證券交易所為對象的「華爾街（WALLSTREET）」，和同樣以證券業者為對象的倫敦版「城市（CITY）」這些虛擬遊戲被實現的可能。

和這個例子相似，如今某些公司還透過網路進行虛擬交易，Japan Network Service（位於北九州市）就是提供這種服務的公司之一，該服務名稱為「相場研究俱樂部」。網路的會員不是透過電子郵件，就是透過公司的網站模擬買賣的交易。除了虛擬買賣之外，其他與實際交易有關的情報也在該公司的服務之列。

接著介紹一個和遊戲無關，但卻透過網路募集股票族的公司，她就是位於東京調布市的SPRED EFFO公司（音譯名）。使用者只要透過電子郵件來申請，就可收到SPRED EFFO寄來的關於這張股票募集的詳細資料，並收到有關該上市公司業績的報告等等。

上網鑑賞國寶

網際網路在現代利用之廣，已超乎過去想像。因現在連博物館和美術館等單位，都已透過網路來傳遞訊息。

東京國立博物館自九六年一整年起，便著手展開利用網路公開展示珍藏品的試驗性動作。使用者只要進入網站，就可看到館方珍藏的雪舟的山水畫及日本的繩文土器等等，不但如此，透過網路使用者還可以聽到配合圖片的相關解說。如果你想一睹日本國寶「普賢菩薩」的尊容，可以在螢幕上點選「畫像」這個項目，接著就能看到許多彩色的普賢菩薩像，當然配合圖像的出現還能聽到相關的解說。仔細鑑賞後，還可下載到個人電腦，待日後再慢慢欣賞。我某位愛好美術的朋友表示，未來他將忙於將全國的美術館及博物館的收藏品，悉數下載到個人電腦的「私人美術相本」的製作工作。

除東京國立博物館外，京都國立博物館及奈良國立博物館也在計劃設立這種網站。位於名古屋德川美術館和位於犬山市的明治村，如今都成立了這種網站，而位於東京的煙暨鹽博物館，也已透過網路，將示有浮世繪的網頁呈現在網友面前。

順帶一提，法國的羅浮宮美術館和美國的斯密森博物館很早就設立有這種網站。因受限於網站的空間，所以那些只透過網路看到收藏品的人，如果感到意猶未盡，還會親自前往實地仔細端詳寶物的風采。因此就某種意義來說，美術館和博物館的網站可說是館方進行促銷的工具之一。

此外，東京大學綜合研究博物館也提供「將六千件左右的學術資料數位化，並透過網際網路對外發表」的服務。

食品公司透過網路進行的各種戰術

這是日本百事可樂公司（位於東京港區）和日產汽車、JTB、Victor Entertainment公司、Tommy公司共同展開的合作案，這種異業合作共同成立的網站，係採取讓網友可以共同參與遊戲的方式來經營。以百事可樂的網站來說，使用者可以針對上網企業的相關問題作答，該問答內容每個月都會更新，而上網玩問答遊戲的人也逐月增加當中，答對問題的人除了可以獲得百事可樂之外，還可獲贈其他參加企業所提供的獎品。

另一方面，江崎古里柯（音譯名）甚至趁情人節這一天，實施一種「只要利用網路訂購巧克力，就可以獲得寫有自己（愛的訊息）的禮物」的服務，至於這個「愛的訊息」就是一篇自己寫給情人的短文，該短文不超過五十個字。至於職場的「義理巧克力」（即日本文化中，對公司同事表示謝意的禮物），也是該公司推出的網路專用商品，這些都是食品業者利用網路進行商品促銷的手法。此外，有些業者也利用網際網路，作為販售這些網路商品（即市售品以外的商品）的通路。營養補助食品「Light Mill」及健康飲料「Binesca（音譯名）」，都是以上班女性為主要客群的成功網路食品。

而提供了三百種菜單，由味之素公司設立的網站「A-Dish」亦深獲好評。進入這個網站，使用者可以依卡路里別、材料上網進行檢索，其中曾在味之素廣告中亮相的中國籍料理大師周富德先生等人的菜單也頗受好評。至於在網站菜單中出現的調味料和沙拉油等，自然也是味之素公司的產品囉！

比時刻表更高明的網站

厚厚一疊的火車時刻表常令人看了頭疼。對於趕時間的人來說，他們的確會耐不住性子去看火車時刻表，正因為如此，造就了網路業者乘隙而入的機會。

透過「即時列車暨航空時刻介紹」這個網站，使用者只要從路線圖中選出一個車站，螢幕上就會立刻顯示所有從這個車站出發的可利用路線及這個車站的發車時間。據說每天上網查詢的資料高達數萬件，目前首都圈的巴士總站、名古屋和新大阪正透過網路展開查詢服務，而JR業者、主要私鐵業者和成田、羽田及關西國際機場也透過網路，對顧客提供班次查詢的服務。事實上，這個網站是由位於東京北品川區，該公司的董事長也正是編寫鐵路手冊的人。雖然這個網站不對外收費，但卻以時刻表網頁中某企業的廣告收益，做為該網站的收益來源。

此外，不少使用者會利用「換車介紹」這個網站，檢索到達目的地之前，火車行經的路線、運費和所需時間等資料。只需一個動作把出發車站及目的地車站輸入電腦，螢幕上就會出現各種路線的類型，供使用者自行選擇。如果不惜多花一點運費，而要求早點兒到達的話，就

要選擇飛機的班次，如果運費和時間都不是問題，那麼可以透過電腦查閱各車站停車暨換車所需要的時間。而利用由喬登公司（位於東京新宿區）建立的「可以迅速掌握班次變動」網站的人不但多，而且據稱每天上網查詢的資料超過三千件。另外這個網站還提供了關於地區交通的「時刻表連結（Link）」，為所有居住在限定地區的乘客帶來極大的方便，因為從市營暨都營巴士，到登山巴士等的資料，都能透過「時刻表連結」獲知詳細。我認為以上所介紹的網站，是業者站在使用者的立場，揣摩使用者需求所建立而成的最佳企劃商品。

各鐵路公司則是透過自己設計的網頁來傳遞火車時刻的訊息，當然介紹的內容一定包括自家公司的路線範圍，也不忘打形象牌和做些旅遊介紹，但這樣的作法卻不一定可以滿足使用者的需求。

店舖不需要的網路買賣

住在千葉縣野田市的上野千里小姐，自行設立了一個販售舊電腦的網站名叫「Port Net Service」，這個網站讓她成為第一位個人透過網際網路進行商品販賣的知名人士。目前「Port Net Service」販售的商品，主要是自租賃期滿（通常是五年），使用者歸還租賃公司的舊電腦。由於現在有不少使用者會在租約尚未到期之前，就打算購買新電腦，所以這種半舊不新的電腦也能獲得顧客的青睞。然而交易的客群泰半是大學中的相關機構，加上是教授買來用來教學而非個人使用，因此業者多少在價格上會便宜一些。過去透過無線或電子郵件與朋友交換情報的上野小姐似乎女性特質特別強，她總是不厭其煩地向顧客建議應如何解決電腦的毛病，這種精神也深深擄獲了顧客的心。上野小姐並不讓大型製造商插手經營這個網站，而是以「夾縫中求生存」的生存之道經營這個網站。

位於東京足立區某電腦量販店的銷售手法也稱奇特。她雖自九六年設立了網站，但是據說該網站的使用者多半是大型製造商的技術人員。雖上網的時間泰半在晚間十點後，但只要曾上網詢問，第二天她必定有所答覆，這種迅速應對的作法是她服務顧客的表現。

說得極端些，沒有店面還能從事買賣行為者，就是網際網路的網頁。以上舉出的實例稱得上是運用網際網路的成功實例。

提供者將和第四臺業者攜手合作

說穿了，網際網路就是利用電話線進行通信的手段。但是現在一種不靠電話網的新興事業已經問世，它是利用第四臺具有的大容量電纜，傳達網際網路訊息的通信手法。這種新興事業是以縮短存取時間、降低上網費用視為銷售重點，進而推展其營業目標。

大型網路提供者「Internet Inisia Jeb（IIJ，位於東京）」和十家有線電視（CATV）業者共同合作，自取得第一種電氣通信事業之開業許可後即展開服務。與之合作的有線電視業者主要包括：Jupiter Telecom、足立有線電視（位於東京）、向日葵網路（位於愛知縣豐田市）、C・T・Y（位於三重市四日市市）等十家，共五十位與之簽訂合約者，這樣的市場可謂非常大。未來IIJ甚至計劃利用網路間的組合，以增加更多的新契約客戶。

IIJ首先在東京設立通訊中心，並在東京把伺服器（server）和分布各地的有線電視公司的大容量專用電線連結在一起。此外，IIJ還設立了綜合諮詢中心，藉此為所有與之簽約合作的有線電視業者，處理一切他們對於網路諮詢的問題與要求。僅管網路業界未來將急遽不斷地成長，但是對個人使用者來說，他們對網路最大的不滿，在於通信時間的延遲往往造成上網費用的損失，因此，待網路業界與有線電視業者共同合作以後，大容量電線將直接連結到網友的家裡，這麼一來將可解決上網時間延遲的問題。再者，傳輸速度提高，上網費隨之降低的結果，必定可以增加不少上網利用的網友吧！

與網際網路連結後，CATV將更發揮多媒體的功能

和前述有關，有線電視業者（CATV）因為網際網路的登場而發生了大幅的變化。

武藏野三鷹有線電視（位於東京三鷹市）首次在國內展開CATV與網際網路連結的服務。由於是把有線電視公司與家庭用電纜連結在一起，因此用戶無須支付電話費。因武藏野三鷹有線電視本身就是網路提供者，幾乎不會發生網路塞車的狀況，通訊速度也稱安定，因此頗受用戶好評。

電視轉播的地上波、BS、CS，說穿了就是利用電波把情報（節目）傳遞給視聽者收看。另一方面，有線電視透過有線傳送情報時，其最大的特徵在於傳送與接受情報的雙方可以互相交換訊息，也就是說，有線電視具有雙向性。

從武藏野三鷹有線電視實際的業績來看，除大型的東急有線電視、大分電纜之外，全國的有線電視臺已計劃加入雙向溝通的領域。活用有線電視與網際網路的雙向性，可以讓參與者快樂地與其他網友玩遊戲，同時可相互交換購物、休閒與各種福利情報。

此外，善用雙向性的優點還可以構思如何利用有線電視推展電話事業。隸屬日本伊藤忠商

事的泰達斯通訊（音譯名，位於東京涉谷區）、Jupiter Telecom（位於東京新宿區）等等，已擬定利用有線電視展開電話事業的計劃。

根據日本郵政省調查的結果，包括都市型電視在內，與有線電視簽約、透過有線電視傳送的簽約者已經超過一千萬處。或許將來和網際網路連結後，CATV在多媒體的舞臺上，將更顯其功能性。

網路訂房

旅行社的電話常常不通。旅行社職員因忙於應付前來櫃臺詢問的顧客，而無暇接電話的情況確實不假。為了改善這種情況，近畿日本Tourist利用網際網路，展開預售住宿計劃的服務「E Coupon」。其名稱中的「E」，係取日文「好」的發音而來，代表近畿日本Tourist的Logo。顧客可以一邊看著首頁，一邊把預約申請單列印出來，藉以獲得要在投宿地點出示、上面寫著自己預約號碼的「確認書」。如果無法列印，只要事先記下預約號碼，再出示給投宿單位就可以了。近畿日本Tourist網羅了二百家旅館、一百家飯店和五十家附滑雪場的住宿設施的資料。若顧客是透過E Coupon來申請，還可以享受旅館二成的折扣，這無非是近畿日本Tourist的一種促銷手法，辦理住宿服務的時間從早上九點到晚上八點。

近畿日本Tourist透過網際網路促銷的手法，不但可大幅削減人事暨宣傳單的印製費，無人窗口的服務手法也可以延長一般的營業時間。

但根據日本法律的規定，旅遊商品是不能上線（On Line）銷售的。因此該公司不進行銷售行為，而是以代客預定的方式鑽法律漏洞。是故，透過網路預約住宿的顧客，是把錢直接交予住宿單位，近畿日本Tourist本身並不經手。近畿日本Tourist這種鑽法律漏洞進行促銷的手法，實在令人讚嘆。

而位於岡山縣湯原町的湯原溫泉也透過網路提供有關「溫泉休閒地」的資訊。透過首頁，使用者可以預約住宿還可享受八五折的優惠。

開設虛擬購物廣場的策略

汽車配件製造商延東（音譯名，位於千葉縣佐倉市）如今與日本國內外的汽車製造商、汽車用品銷售公司等四百五十家廠商合作，利用網路共同設立了一個虛擬購物廣場的網站「歐特廣場（音譯名）」。

它是由日本的豐田、日產公司以及國外車廠如德國的賓士、法國的標緻與義大利的法拉利等全球十五國、二十五家汽車製造商所共同設立的網站。此外，由於「歐特廣場」也和日本運輸省、日本道路公團、日本RV協會及美國政府機關的網站相連，因此對使用者來說是不可多得的情報提供者。

透過「歐特廣場」這個網站，使用者不但可以獲得國內外汽車製造商的新車情報，同時也能在運輸省的網頁上獲得道路交通狀況等資訊。此外石油公司、出租汽車與汽車雜誌的情報，也可以透過這個網路獲知詳細。甚至有關汽車的整備與修理也是網路提供的項目。延東公司未來還要針對沒有設立網站的公司行號，透過代客製作的付費方式，協助他們設立網站。

待今後虛擬廣場的檢索數量增加，延東公司將考慮實施付費刊登廣告的動作，不限商品，任何關於行政或業界的報導及與汽車相關的所有資訊，都是「歐特廣場」這個虛擬網站所提供的對象。順帶一提，延東的社長遠藤義一先生自弱冠之年（二十五歲）創業，在他留美生涯中，就已學會網路提供者的經營訣竅了。

展開精密服務的「京都廣場」

利用網際網路的虛擬商店街「京都廣場」終於就要開幕。說到京都，許多人馬上就會想到清酒、西陣織、醃製食品、清水燒等具地方色彩的東西，但如今京都市的第三中心「京都軟體應用程式（KYSA）」所經營的京都廣場甚至也做起燈油、米、食品原料和日常用品的買賣。而為了方便顧客可以透過電子儀器進行交易，由產業界和行政單位組織而成的「京都EC（電子商務）推進協議會」也計劃加入「京都廣場」的行列。雖然這個京都的虛擬商店街是以日本國內外不特定的多數人為服務對象，但由於以地區為服務範圍可謂重大目標，因此電子交易的服務對象仍限定在地區居民。

京都廣場最大的特徵在於保留了過去店家與顧客之間的「雙向交流」，這一點相當珍貴。它會找出所有與米或酒等相關民生用品的消費周期，而視顧客的周期傳送電子郵件或DM（就是一種雙向交流）。以下列出京都廣場其他特殊的服務手法：

- 視顧客的購物金額，在線上發行折價券等等。
- 利用直接郵寄，或者透過於各分店增設的傳單網頁，傳遞有關特賣的情報。
- 針對大筆的訂單實施更優惠的折扣活動，藉以促進共同購買。
- 設置商品諮詢窗口。
- 於各分店設置處理折扣事宜的窗口。以當地購買者為優先，並不以賣方的姿態出現，而以亟欲聽取顧客意見的態度與之對應；相信如此的「待客之道」必能為京都廣場這個虛擬網站帶來成功。

遠程居家醫療已邁入實驗階段

遠程居家醫療在多媒體時代即將來臨之際，已邁入實驗性階段。該實驗是利用網際網路、電視電話，讓患者可以在自己家裡透過相機、電視電話、網路終端機和心電計的設置，利用綜合數位通信網（ISDN）或analog電線與之連結，實現醫師與患者作遠程溝通的目的。如果這個目的可以實現，醫師就能根據傳來的心電圖、血壓暨體溫等測量資料，一面看著患者的臉，一面進行診斷。此外，醫師還可以透過網路，利用電子郵件找出病患的症狀，相反地病人也可以透過網路和醫師進行雙向的溝通。未來日本通產省的外圍團體「高畫質普及中心」（位於東京港區）將設立遠程居家醫療研究會，以帶領其他先進共同推展遠程居家醫療服務。這個行動也獲得東京國立大藏醫院、國立兒童醫院、國立水戶醫院及茨城縣立兒童醫院等機構的協助。

然而就是實驗階段也有其問題點存在。這些問題包括：醫師和病患對於機器的操作都不熟練，而且傳送的畫質不清晰，其高昂的設備費也非一般人所能負擔。因此，裝置的小型化、輕量化，藉由操作性能的提高以降低整個裝置的價格，似乎已經成為今後有待解決的課題。儘管如此，驅動多媒體的遠程居家醫療系統將在近未來得以實現，卻是不可爭辯的事實。

提供商品情報的會員制直銷

在美快速成長的大型直銷商CUC國際公司（位於美國康乃迪克州），和日本的三菱商事、Uni公司等多家業者，共同推展網際網路事業。其共同組成的公司稱作CUC Japan（位於東京港區）。CUC是美國一家擁有六千萬名會員的專業直銷公司，其去年的年度收益達十六億日圓，一年內接獲一萬輛以上的汽車仲介案，同時也做機票和飯店的代訂業務，是一家相當特別的直銷公司。如今該公司還企圖將獨特的經營策略應用在日本市場。

由於經營的是「沒有庫存壓力，而且所有商品都直接從製造商那兒取得」的仲介型事業，所以CUC可以預期成本的降低。從家電、衣服到所有與生活相關的商品，幾乎都囊括在針對會員提供的項目中，其種類多達二十五萬類，堪稱直銷業界規模最大者。

透過網路購物，可以檢索到更便宜的商品，因此減輕了會員不少購物上的麻煩。當然也可以透過電話購買商品。會員每年的會費是三千日圓，未來CUC Japan公司計劃和市銀行共同合作，針對需要向銀行預借小額現金的消費者，提供消費性服務。該公司希望在西元二〇〇〇年可以吸收三百萬名會員，並且達到年收益一百億日圓的目標。

以中小企業為對象的網路支援系統

針對中小企業為對象，展開網路整批支援的動作，將在商社與電腦製造商的共同合作下展開。這是業者在注意到中小企業即使加裝電腦配備，仍不敵能不斷迅速取得情報的大型企業的威脅，而應運而生的新興事業。

如今兼松和日立製作所對中小企業伸出援手，從電腦的供應到機器的安裝、連接、教育及軟體提供等整體服務，都透過「KANET」的All in One服務展開。服務的對象主要是擁有大約十名員工的中小企業，針對他們的預算為其提供適合的電腦、需要裝置的數目，並代為連接周邊設備，當然一切的動作都是根據網路提供者與客戶所訂定的契約來執行。

這種由大公司協助中小企業建構電腦及網路的作法，事實上有其困難存在。首先遇到的困難就是中小企業很難擁有專屬單位和專業人員。KANET企圖巧妙運用這個困難，以對中小企業進行支援，其作法不是進行個別服務，而是綜合性建立服務體系以為因應。

當然顧客的需求是一切支援動作的依歸。從首頁的製作到系統的維護、管理，一切的業務都是根據顧客的需求所設計的。此外，KANET也會視需要，提供實施電腦教育的軟體。

雖然日立製作所已透過全國的經銷商及營業所，展開KANET的服務，但是隨著個人電腦及其周邊設備的提供，考慮利用網路開發新客戶，並進而提高銷售量也是不錯的構想。

利用CD-ROM提供免費上網服務的日產

日產汽車與新力小組之網路連接公司（提供者）的新力通訊網（位於東京品川區）共同合作，利用免費上網服務展開新的促銷策略。

其作法是在日產系列迪拉上配置五萬張CD-ROM（係利用磁片讀取的專用記憶體）。由於組裝了連接軟體，所以可免費使用新力通訊網的連結服務「SONET（音譯名）」長達三個月共十小時，如今係採每三個月定期配信的作法。雖然主要提供新車資訊，但隨時都會新增遊戲等軟體。透過CD-ROM方式可簡單與網際網路連接，使用者除了可查閱日產汽車的首頁外，還可隨意查看其他的網頁。

另一方面，日產汽車也透過CD-ROM作問卷調查，並利用網路將資料彙整起來，以作為今後市場上的應用。

新力公司的網站收費是每十小時酌收二千四百日圓。但日產汽車卻自行吸收上網費。而每個月若有五萬人充分利用日產的網站，那麼日產公司就要負擔大約一億日圓的網路費。僅管如此，這個動作似乎是日產經過詳細計算利用聲音及影像對使用者提供免費服務的結果。

長途打折的網路電話

在網路提供者陸續加入電話事業的今天，比過去NTT的收費少了將近一半的作法實在頗具魅力。

如字面所示，網路電話就是透過網路的電線進行通話，它透過專用軟體將通話的聲音變換成數位信號來傳送，至於受信的一方會再將信號變換成聲音以進行通話。

網路提供者「利姆涅特（音譯名）」針對會員，在東京、橫濱、大阪、名古屋、札幌和福岡及其周邊地區的六個都市提供服務。會員可以透過免費電話與利姆涅特設置的交換局通話，並鍵入會員號碼後，就能和NTT的電話一樣進行通話。最初的通話費是每三分鐘六十日圓，後來則是每一分鐘二十日圓。如今利姆涅特的會員共有五萬二千人，他們幾乎都是登錄上網的人，而利姆涅特網站的加入費為七千日圓。

展開國際電話折扣服務的「千代田產業」（位於東京），如今也展開這種透過網路優惠通話費的服務。其分別將東京暨大阪間的通話費設定為三分鐘五十五日圓及三分鐘四十八日圓。至於NTT也不甘示弱地自九七年二月起，將東京暨大阪間平時的通話費，從三分鐘一百一十日圓降低為三分鐘一百日圓，不可否認地這樣的價格實在和網路電話有極大的差距。

但網路電話也不是萬無一失的。首先電話的發信及接收地區就只限於設有網站的都市及其周邊地區，因此造成可通話的地區有限。再加上，由於不是使用一般的電話線，因此還有雜音上的問題，有時候甚至還會有通話記錄不能受到保護的顧忌。然而廣為普及的低廉網路電話，對消費者來說也是另一項選擇，這未嘗也不是一件好事。

MAMO

第六章

什麼是「可替代」的門道？

什麼是「可替代」
的門道？

代行事業的範例

快速成長的食物供給事業

80%的企業會委託專業人員代為經營公司的員工餐廳，大型食物供給事業委託公司「艾姆服務」(位於東京港區)就是其中之一。該公司隸屬三井物產旗下，其營業額竟然占三井集團的26%，是該集團不可或缺的收益來源。NTT、松下電器產業、新力和野村證券等企業，都是該公司的委託客戶。她在醫院及社福機構的委辦收益也是逐年迅速成長。據說每一營業所的業績就是其他對手公司的五倍。除代辦員工餐廳外，艾姆服務在廣島亞洲大會接獲料理選手村選手飲食的訂單，提供三十五萬份食物供應的輝煌記錄，也值得稱讚。其業績之卓著，連亞特蘭大奧運開賽期間，該公司的廚子也都被延請過去。

探究其成功因素可知，該公司在經營手法上所做的努力實不容忽視。一般不管是日式、西式還是中國菜，員工餐廳的廚子總是一手包辦各種料理，但是「艾姆服務」卻安排了烹飪各國菜色的不同專業廚師，這樣的安排是業界的創舉。她甚至標榜不供應已經涼冷的菜餚。至於是怎麼辦到的，說穿了就是利用斷熱材料及引進的保溫、保冷車，才能常保菜餚於適溫的狀態，而這也成為該公司的一大賣點。此外，艾姆服務還不斷調查、分析顧客的特性，並將結果納入每間食堂擬定的菜單裡，其重視顧客需求的態度可見一斑。

此外，對於菜單、料理方式和庫存管理，該公司亦朝系統化發展，而她企圖降低成本的作法，正是其合作伙伴美國的阿拉馬克公司（音譯名）的經營祕訣。如今艾姆服務在有四兆日圓營收的食物供給產業市場裡，不斷地快速成長。對於許多周邊服務（如：食物供給設備的清潔、除蟲的工作和自動販賣機的管理等）亦著手參與經營，其攻勢之淒厲令人吃驚。

在電話市調市場中成長的鈴響系統24

隨傳播媒體的廣告策略的蓬勃，如今電話市調的策略也備受注目。電話市調是利用電話發掘潛在客戶，由於多在星期六、日及夜間等時段執行業務，因此不少例子是製造商和直銷業者多半要仰賴專業人士代為進行。

鈴響系統24（位於東京豐島區）就是一家在電話市調市場中獲益的公司。與其合作的對象已逾三千家。若審視該公司的經營策略，便不難了解她為何位居業界第一。

首先不只利用電話發掘客戶，鈴響系統24還做商品研發的動作，並積極彙整顧客的反應。另外，鈴響系統24的企劃力也居業界之冠，早在阪神大地震發生時，她就已建構透過電話募集救濟金的系統。而在傳媒的委託下，該公司也在選舉期間廣為蒐羅並且進行民意調查。

電話市調要最得好，接線生的努力是關鍵所在。因此，她在全國24個據點總共安置了七千名溝通員（communicator）。由於鈴響系統24係顧客企業的代表，因此不管是商品知識，連如何巧妙應對顧客的應酬話，都成為溝通員必須學習的課程。有鑑於此，該公司設立了名叫「Bell Seminar」的研修部門，以徹底教育員工如何做好溝通。當然這項工作是有其壓力，因此公司內部還設立了讓員工可放心好事休息的休憩室，連溝通員的座椅都比其他員工的座椅還要高級。

若從其業績看，經九六年五月期決算的結果可知，二百零四億七千四百萬日圓的營業額當然稱得上業界第一，且據說電話市調的市場約可締造五百億日圓的收益，由此看來，鈴響系統24約占該市場近五成的收益。

如今該公司也進駐雜誌市場，推出讀者參與型的女性雜誌《Bees Up》，該雜誌係以十八至二十五歲的女性為對象，並企圖以二十二萬本的發行量攻占競爭激烈的女性雜誌界之鰲頭。

美國新興事業——代行服務

接著介紹巧妙掌握新事業的本家（美國）的例子，這個新興事業竟是與人方便的代行服務的商業手法。

首先由餐廳主廚共同展開的「私人廚子服務（Personal Chef Service，簡稱PC）」就頗受市場歡迎。在加州，這項服務被人稱作「Toulouse Unique Personal Chef Service」，其作法是讓餐廳的廚子到簽約家庭料理二星期的晚餐，當然做菜的地點是簽約戶的廚房，待廚師把二星期的晚餐份量做好後再冷凍保存，也就完成了工作。這種到府外燴的服務絕不便宜，二人份就要花費美金二百六十元。若簡單地計算，一天晚餐的費用就相當於二千日圓。儘管所費不貲，但這項服務對那些多金但沒有時間作飯的雙薪家庭來說，卻是相當方便的代行服務。

另一方面，皮波德快遞系統（位於美國的伊利諾州）也鎖定雙薪夫妻，以透過線上訂購，從事食品外送到家的服務。目前該項業務已拓展到舊金山和芝加哥等五大城市，線上訂購的會員也在二萬人以上。今後若其業務範圍拓展到加拿大在內的所有都市，必定引起業界震驚。

此外，就商業面來說，美國已展開了具商業色彩的新事業。波斯內特（音譯名，位於內華達州）鎖定住家兼辦公室的家庭進行的代行服務，為公司爭取到不少客戶。除郵寄物品外，航空貨物和快遞等服務，波斯內特也一手包辦。自該公司採連鎖經營的方式後，目前已將年收益目標訂為六千萬美金。從貨物的打包，和透過全天候都可使用的私人書箱的設置，到停留中的貨物保存，這一連串的過程就是波斯內特所提供的完美服務。另外她還執行影印、傳真和製作問候信並代為郵寄的業務。像美國這種販售「代為服務」的新興事業，難道不是國內業者的一大參考嗎？

以影印服務獲高營收的金科茲日本公司

現在假設一個情況：「明天在大阪舉行的會議資料還在製作，而當資料完成後，時間也過了晚上十點，這時也沒人可以影印，但是明天的會議上就要使用三十本這些A4大小（二十七張）及A3大小報表資料（共五張）的影本，當然公司裡一定有影印機，但單憑自己的力量真的可以完成三十本會議資料的影印及裝訂工作嗎？如果你碰上了這個問題，你該怎麼辦？」事實上，這個時候你可以尋求自美登陸日本的金科茲日本公司的協助。

金科茲日本平時都是二十四小時全天候營業，不論何時只要你把原稿拿來，公司就會在你明天尚未搭車前往大阪之前，把做好的會議資料交到你的手上。

金科茲日本的總公司位於名古屋市，如今市內設有三家分店，東京的京橋與虎門也有該公司設立的分店。其業務的項目包括：Self Service Copy、Full Service Copy、Color Copy、大型Color Copy、電視會議系統、Paper Center、辦公文具的銷售、郵件信箱服務、Digital Foat、製本暨加工服務、照片沖洗暨證件拍照、Self Computer Service、傳真的接收暨傳送以及翻譯服務等等。

目前該公司的影印服務幾乎是全天候的，至於星期例假日，金科茲日本也是營業到晚上七點，儼然一副「辦公室便利商店」的經營型態。美國的金科茲公司擁有八百家左右的商店網，據說洛杉磯某分公司的負責人，為了趕製明天要在紐約總公司使用的會議資料，遂委託金科茲公司代為製作。到了第二天，這位負責人只消在抵達紐約後前往當地的金科茲分店，就可以拿到今天要用的會議資料了，這樣的服務的確帶給趕急的人不少方便。

但金科茲日本真正了不起的地方還在後頭。她讓在東京委託製作會議資料的人，也可以在大阪當地取件。因該公司對社外處理的案件，採取特別徹底的管理，因此委託者大可放心交予辦理。而提供影印、郵件信箱和傳真接收暨傳送服務的金科茲日本公司，已成為來自國外、沒有辦公室之商務人士的最佳幫手。據說金科茲日本未來還要積極推展「商務網路服務（Business Network Service）」，不僅把握辦公室必備的影印服務，未來也要在影印的「時間」及「多樣性」方面拓展更多的商機，金科茲公司的策略實在令人佩服。順帶一提，目前金科茲公司光一個月的影印服務營收就達到三千萬日圓左右。

代為執行營業暨促銷業務的Mars Japan

Mars Japan是一家從營業到促銷總括代理執行的公司（位於東京文京區），其公司名稱係採「Marketing & Sales Support」之意，接著我們就從該公司掌握顧客需求所執行的業務來看。

和八十名正式職員相比，公司還有三百名銷售人員，因此總計公司登錄的員工數目共有四百人。員工的平均年齡都在三十歲左右，男女比為七比三，如此的人事結構堪稱業界第一。

然而審視其人事結構後便不難發現，這正是解開公司急遽成長的祕密所在。首先就營業來說，通過委託企業面試的人員不但具備商品知識，對於商品動態及其對手商品也都瞭若指掌，這才可以在營業最前線勝任有餘。

Mars Japan派出去的當然都是戰力堅強的可戰部隊。銷售人員必須利用一天的時間提出營業報告，同時必須親臨營業現場多加監督且進行確認，如此的管理體制比起一般企業的確相當嚴格。據說對於顧客抱怨的處理，如果二次之中有一次不當的處理，就會招致當天解雇的命運。為了取得委託企業的信賴，如此高水準的嚴格要求或許並不過份。至於契約人數和約期雖由委託的一方決定，但每人的人事費為七百十萬日圓，由於這是一般職員薪資的一點八倍，因此其收費是高還是低，端看個人的想法。

在歐美，因考量布設多種銷售管道及營業據點需要龐大的經費支持，所以業者都習慣將營業及促銷的業務交予他人代為執行，但是反觀日本，如此的經營方式並不普遍為業者所接受。僅管從Mars Japan的業績可知，外資企業仍是日本企業最大的支持者，但是近來外資企業對日本企業的仰賴度也有增加，使外資企業與國內企業的訂單比為六比四。如今在產品愈顯滯銷的不景氣現況下，倣法Mars Japan為企業吸收優秀人材之經營手法的業者似乎已經增加。

通通包辦的日本助理小組

和前述的Mars Japan例子類似，位於大阪市中央區的日本助理小組（Japan Assistant Group）正如其名地，是從做帳到營業、製造、銷售，通通包辦的代辦公司。首先她之所以提供代辦記帳服務，因注意到許多中小企業的經營者對於資產負債表，可說是有看沒有懂的緣故。有鑑於此，日本助理小組遂針對連專業會計師都要花二個月才能完成的記帳作業，建構出十天內完成記帳作業的系統。據說目前委託進行記帳的顧客有四百家，其中有不少企業希望該公司也能代為與金融機關進行交涉。

此外，因應製造商人材不足的問題，日本助理小組的「Lie Tec（音譯名）」也代替企業執行製造暨加工的業務。這種主要針對電機、食品及文具製造商所提供及針對需要專門技術之生產線提供的代工服務，將成為確保人材的關鍵。如今該公司係針對技術及製造業的一千名登錄人員提供服務。不用說，不只是配置生產線，人材派遣也是公司的服務項目之一。

至於營業人員的派遣則是由小組執行。在該小組執行的案例中，也有藉新產品的市場導入及新製品的開拓，而使委託企業的正式員工數成長三倍的成功例子。

目前日本助理小組只有四十名正式職員，如前面所述，登錄有案的員工屬技術暨製造方面的有一千人，屬營業方面的有六十人，而與事務性（記帳業務）相關的人員有五千人，或許今後日本助理小組還要擴大服務範圍來拓展商機。

販賣文件整理竅門的Filing System

代工行業的營業型態可謂琳琅滿目，有些企業更是想出獨特的代工手法，位於東京港區的Filing System就是一例。

「紙」是公司內部資料彙整時不可或缺的必備用品。就因如此，紙也成為公司內部的一大問題，因為各企業並不知道要如何管理這些日積月累後的龐大紙量，當然這個問題也引起Filing System的注意。

首先Filing System想到的是，一般企業應該如何將各部門比較容易作個人管理的資料，以共同管理的方式來處理，同時又要如何訂定每項文件不同的保存年限及重要性的等級。待這些問題解決以後，就要著手進行統一文件整理方法的工作了。Filing System的作法是把文件統一成A4及B4大小，也就是作文件檔案化的統一。但是為能處理社內不需要的文件，以提高工作效率，還必須將製作好的文件處理手冊交予客戶手中，同時讓出差服務顧客的員工藉此機會達到研修的目的。在實施的過程中，Filing System還會舉行期中檢查，最後驗收成果，這才算整個代工作業結束。

過去Filing System是一家辦公室收納家具製造商，如今她之所以會展開這樣的代工事業，係導因於過去她已經注意到，雖然各企業的硬體都稱完備，但是軟體的管理卻顯不足。

Filing System的文件整理系統係運用美國情報諮詢公司之「記錄管理系統（Record Management System）」所得者，而擁有這種經營竅門的情報諮詢公司也是Filing System商場上的合作伙伴。不論是中小企業抑或大企業，都是Filing System服務的對象，她派遣員工到客戶那兒進行診斷、調查，並針對問題提出改善方案，同時確認實施成果等等。至於實施（服務）期間通常是一年，收費大約一千萬日圓左右。雖然表面上看來Filing System的收費不便宜，但凡導入文件整理系統的企業，每年約可減少四成的紙張消耗量，而且工作效率也會因此提高，因而一年大約可以省下一千萬日圓的成本，於是根據這個結果計算，該企業一年的投資金額恐怕只有幾塊錢。

利用電話健康諮詢服務的T-PEC

一天二十四小時，全年無休地接受顧客透過電話詢問有關健康及醫療方面問題的公司已經問世。她就是作風奇特、提供「Hallo健康諮詢二十四」的T-PEC公司（位於東京千代田區）。T-PEC是一家只有四十五位員工的小公司，但若從其股東成員來看，其遠景是可以預見的。AIU保險、美國家庭保險、歐利柯日本（音譯名）、大同生命、三和銀行、大和銀行、日本合同Finance、日本Dinners Club和Nichimen（音譯名）等知名企業，都是T-PEC的幕後支持者。

接下來看T-PEC的服務內容。從健康諮詢到醫療暨照護諮詢、健康維護諮商等項目，都是T-PEC的服務內容。而藉由醫療機關的情報提供，T-PEC也針對假日及夜間醫療機關的介紹、醫療品項目提供完整的情報。據稱該公司接獲的諮詢件數是與年增加，累計的件數高達五十二萬件。若從電話諮商人員的構成來看，就能清楚明白T-PEC的經營態度是相當認真的，其擔任電話諮商的各科專業醫生共有四十一位，而擔任健康諮詢師的人員（如：保健師、助產士、看護師、臨床心理師等等）也有一百一十七位。

T-PEC的簽約客戶不是個人，而是大約五百個單位的法人機構和團體，至於T-PEC的任務就是為這些客戶做好健康管理的工作。在業務的推展下，T-PEC進而擬定一項特殊服務，即「海外綜合醫療服務」。而負責這個窗口的服務人員，是身居海外、從事與醫療工作有關的人士，他們要在海外為客戶解答關於醫療及藥物等方面的疑問，有時甚至還貼心地提供英語翻譯的服務。去年才在大阪設立諮詢中心的T-PEC，如今已經創造大約十億日圓的營收，而在簽約客戶與日俱增的情況下，未來T-PEC將朝向年收益十五億日圓的目標邁進。

構築與人接觸的事業的Kinder Net

Kinder Net（位於東京涉谷區）自十五年前就已經展開保姆仲介的事業。

隨意活用自己的時間，讓個人的興趣、休閒和運動帶來的樂趣，也能在生活中俯拾即得，這種追求專業主婦生活型態的時代已經來臨。為了滿足時代的需要，Kinder Net對此展開全天候服務，並且以全體六位員工的人力，在九六年度九月期締造出一億八千萬日圓的年收益。Kinder Net的收費也稱合理，入會費二萬日圓，年會費五千日圓。而若以平均一小時的收費看，一千八百日圓絕不算貴。雖然目前Kinder Net的會員只有一千七百人，但仔細探究會員結構卻意外發現，80％為專業婦女，另外只有20％是在職婦女。

該公司登記有案的外聘人員大約五百人，至

於年齡層分布之廣也是該公司人力結構的特徵之一，這是因為Kinder Net必須根據會員的需要，安插適當年齡的外聘人員。據說，有不少委託Kinder Net代為尋找保姆的會員，都希望要一位「年紀比較大的保姆」。

領導Kinder Net的是一位女社長，而她經營的事業也充分滿足了女性的需要。公司成立之初，只有涉獵保姆這個業務領域，但是後來也開設了「幼兒專業家教（Baby Chutter）」，讓外聘人員教小孩子畫畫、過團體生活和數數等等，不但如此，還有教小孩子騎腳踏車。Kinder Net甚至善用外聘保姆業的經營竅門，進而在百貨公司或車站大樓設立「托兒所」，同時利用購物中心的社區俱樂部（Community Club），而朝向「經營保姆育成學校」的多角化企業目標邁進。

跑單幫系統的布魯克蘭茲

過去以來，跑單幫這個行業已經存在，同時也是一股潛在的風潮。單幫客除了要有相當的語言能力外，其販賣的商品因為是自己從國外帶進來的，所以商品價格就會因為運費或保險費而高居不下。不只如此，有時候還會發生商品品質不良的問題。

布魯克蘭茲（位於栃木縣宇都宮市）就是為了解決這個問題所設立的公司。

她原本是一家企管顧問公司，這次透過新成立的分公司，做起了跑單幫的生意。該分公司這家店備有三百二十種以上的商品目錄，商品項目超過七萬件。由於所有目錄都已電腦存檔，因此看過目錄的顧客只需三分多鐘，就可以完成訂購手續，然後待簽名以後，只要等著商品送上門就行了。雖然訂貨暨取貨的過程相當快速，但最大的問題是該公司85%的商品都是美國貨，而使用者卻是逐年增加。

事實上，公司也有辦法克服空間的問題。首先，當顧客下單時，位於美國西雅圖的某分公司都是第一個收到訂單的單位，而在收到訂單以後，該分公司才會把貨品寄達日本。由於通關的商品都要經過公司的品檢，所以沒有品質上的顧慮。再加上，整批送貨也可以大幅減少個別送料的成本，所以比起跑單幫的方式，這樣的進貨流程的確可以壓低進貨成本，讓顧客買的便宜。該公司驕傲地表示，即使把代銷費及商品價格加總計算，公司也可以把進貨價格控制在現地價格的一點六倍以內。而活用這個竅門，召幕大約一百家左右的代理店，已經成為布魯克蘭公司的營業目標。

在日本，跑單幫這種生意的執行者是由大型直銷公司擔綱，而這些大公司販賣的商品，卻只限於製造地之契約直銷公司的商品。她的商品項目不但豐富，而只要你說得出是在哪一本雜誌上看到你想購買的商品，她幾乎都有辦法調得到，其經營力之強大可見一斑。

營運高樓共同外送的手法

我經常在想：「全世界有多少不同外送項目的業種？那些經營送報、送信、送牛奶、送包裹事業的公司及百貨公司、快遞公司和專門從事外送服務的公司，難道不可以結合在一起嗎？」當然，不同的業種，使用車輛、雇用的駕駛都不一樣，但這不是一種資源浪費嗎？此外，水電、瓦斯是不是也可以一體化呢？

於是就在這種想法的醞釀下，東京新宿區終於展開一種實現這種想法的外送事業。「新宿陸運事業協同組合」是一個由大約五十家新宿周邊的外送業者所成立的組織，其在全國堪屬珍貴的高層大樓街，展開小包外送的服務事業。為了打響名號，該事業名稱為「摩天樓人員」，它是一種「化零為整」的作法，把高層大樓內貨物移動的時間和外送人員的停車費，通通由一家公司整合起來，以節省資源。目前該服務業務的委託客戶多為文具商和外送到家的服務業。只要貨一送達協同組合的配送中心，那麼除東京都廳、住友大樓、新宿三井大樓外，進駐周邊高層大樓或地下街的廠商和店家，就可以通知協同組合開始送貨了。

開始的時候，協同組合每個月平均約有五千個外送單位，而自一九九五年後半期開始，委託送貨的單位已經達到二萬。為了滿足更大的市場需求，協同組合甚至耗資大約二億日圓，新開設一家可以負擔四萬個外送單位之業務的配送中心。

不只是東京，在現今高樓大廈林立的日本都會地區增加的同時，協同組合的經營手法或許也可以是其他都市的參考。

代客購物的JCP

「代客購物」的時代已經來臨。總公司設在東京足立區JCP就是一例。

當顧客自代客購物的業者所散發的傳單上，挑選出想要購買的商品後，只要一通電話或是傳真告知，第二天貨就會送達顧客手上。業者收取的費用，是商品本身的價錢和代辦費。至於業者聰明的地方，就是不論有幾件商品，每次的運送費就是五百日圓。雖然即使一件也會運送，但我相信沒有一位顧客會為了一件二千日圓左右的商品而花五百日圓的運送費。於是在不論買多少東西，運費都不會增加的心理下，最後顧客可能會東買一件，西買一件地大買一通。

另外，銷售價格也是JCP的一大賣點。其銷售的食品類商品要比一般的超市價格便宜九～八五折，至於折扣優惠，也比超市便宜個5%。

自展開「代客購物」這種特殊事業以後，JCP亦擬定代理店制度，並且在現今東京都內二十三區、近郊、神奈川縣和崎玉縣部分地區、大阪、新潟、福岡、濱松等地，成立三十二家代理店，甚至要在西元二〇〇〇年以前成立八百家代理店。

順帶一提，過去三月期JCP的營業額為三千萬日圓，而去年三月期JCP的營業額為七千萬日圓，這種呈倍數成長的業績，甚至在今年三月期締造了二億四千萬日圓的營業額。

第七章

金融機關的促銷技巧

金融機關
的促銷技巧

金融暨信用卡業界的促銷實例

自動販賣機也會耍把戲

在未進入主題之前，首先來談街上到處可見的自動販賣機的促銷把戲。除了自動販賣機製造商本身的獲利技巧外，事實上投進機器的零錢不會立刻掉出來，也是業者的促銷把戲之一。現在假設你把一只一千日圓的硬幣投進自動販賣機裡，為的是購買二百五十日圓的商品。此時，你可能發現這個機器找錢的速度很慢，這時候你可別以為機器壞了，所以吃掉你的七百五十日圓。事實上，這是為了「製造」更多的商機，而刻意設計的自動販賣機的促銷手法。遇到這種情形，有些人索性會想：「既然錢掉不下來，那麼除了本來要買的飲料和香煙外，再買些其他的東西吧！」而抓住顧客心理的自動販賣機業者，遂將常設在車站裡的自動販賣機設計成有二或三個按鈕，以謀求更大的獲利。

而與自動販賣機相關、探知背後發現「大有文章」的技巧，也可在銀行設置的自動櫃員機（ATM）上看到。

銀行是相當現實的單位，她的所有動作都是為了獲利。首先，只要營業時間（下午三點）一過，現金兌換機一定會停止運作。曾幾何時，存摺登錄機也一度隨著營業時間結束而停止運作，但是現在不然。此外只要是非營業時間，存戶就不把錢存進活期儲蓄存款裡。

仔細想想，如果銀行真的在非存提款業務時間裡，啟動機器提供存款業務的話，那麼對銀行業者來說確實完全「無利可圖」。也就是說，為了結算支票和期票，即時提供存款服務是不可或缺的，而對於那些趕在營業時間，卻必須到銀行辦理支票和期票等業務的民眾來說，銀行都是一副「甚表歡迎」的態度，特別為他們處理。正如描述一般，銀行業者的所做所為都是為了一個「利」字。

自動櫃員機累積了巨額手續費

只因方便，所以自然地自動櫃員機（ATM）的使用率就會偏高，如今，各銀行業者也利用各種手法，藉以提高自動櫃員機的使用率。

正如俗話所說：「聚沙成塔，積少成多」，別小看一次三百或四百日圓的匯費，如今匯費收入已經成為銀行的重大收益來源。據說銀行業者光從民眾透過電腦提領他行現金，或於非營業時間辦理交易及光是匯款費的所得，就從五百億增加為六百億日圓的年收益。而銀行這種賺取小額手續費的戰術，確實饒富趣味，尤其為了提高自動櫃員機的使用率，各銀行業者莫不絞盡腦汁、全力爭取最大的使用率。

在提高ATM使用率的作法上，第一勸業銀行與大和銀行稱得上第一把交椅。兩家業者已經導入可以在九秒內提領現金的最新型ATM。富士銀行則是在各家分行，公開顯示英語操作的程序，至於三和銀行則是實施自動櫃員機的「留言服務」。這項服務是在民眾匯款的同時，將欲留給對方的話一併傳送出去（但須另外酌收二百一十日圓的手續費）。例如，當父母親要把錢匯給身在東京求學的孩子時，可把對孩子的叮嚀一併「電匯出去」。此外，東京三菱銀行導入的「自動延續或解除定期存款的服務」及東海銀行暨三和銀行的「把紙幣整平的服務」，都是業者提高ATM使用率的各種作法。不只是增加銀行金融卡（cash card）的附加價值，有些銀行甚至和信用卡業者合作，推出提供大額消費金融貸款的ATM。另外，據說某些銀行甚至有意在自己發行的醫院診療卡上，附加了「醫療費結算功能」或著手在大企業的員工卡，以及在公務員的身分證上附加「與信功能」。為迎接金融自由化的到來，銀行業者將越發利用ATM為獲益主軸。

第一勸業銀行的交易加點策略

在商業手法的運用上，過去銀行業的作法顯得有些單板，但第一勸業銀行卻走在業界前端，提出彈性因應的企劃手法。

她視顧客個人與銀行之間的往來業務加以計點，待達到一定的點數，就對這名顧客提供貸款降息和免手續費的優惠措施。若總計超過二十點，就對新貸款客戶，提供比一般個人貸款利率低1%的優惠服務，同時實施旅行支票發行手續費五折優惠的服務。至於累積點數超過五十點的人，則享有個人貸款利率降低二個百分比的服務，以及超級定存利率提高零點零五個百分比的優惠，並且得電話專員提供的年金及照護諮詢方面的服務。

過去並沒有一家銀行業者會針對往來的顧客，提供計點服務的辦法。我經常在想，今天是個追求「人力銀行（man bank）」的時代，而第一勸業的企劃手法，正是以人為主，引領業者經營人力銀行，以達到促銷目的的最佳範例。順帶一提，美國某些銀行業者會針對存款大戶（即富翁級人士），提供各種優惠服務，但日本的第一勸業銀行卻經營每一位個人，企圖擴大與銀行往來的客群。但不論是提供1%甚或20%的優惠辦法，對我來說都是遙不可及的事。

進駐麥當勞的三和銀行

市銀行中最早建構ATM無人店舖網路的三和銀行，這次要在最大的漢堡商麥當勞的店裡，放置銀行存款開戶的申請書，至於可申請的項目包括：綜合儲蓄存款、自動積存業務以及自動轉存業務。其作法是在顧客填寫申請書的同時，將五百日圓的麥當勞禮券送給申請人，這種把握時機的企劃手法堪稱一絕。

為了爭取十到二十幾歲的新客戶，三和銀行選擇了麥當勞作為她促銷的基地，這種作法實在了不起。我還記得，自九六年日本大藏省通過了「銀行業不得在非分行等其他地方，擺放開戶申請書」的規定後，三和銀行便立刻採取行動，業績也一路長紅，是故，三和才有辦法把總行設在大阪這個地區。

過去我就對三和銀行的企業策略多所關心。如前所述，三和不但是ATM的先驅，同時也是冒險企業（venture enterprise）的支持及養成者。她在一九八三年間成立了三和冒險事業養成基金，並且在第二年設立了三和首都株式會社，確立了三和在資金面上的支援體制。此外，三和更在一九九五年於公司內部設立事業化支援室，以藉此專案做好三和在冒險企業與大型企業間橋梁的角色。此外，據稱去年三和針對冒險企業所提出的「冒險訊息（Venture Message）」企劃案，就吸引了一百家上市企業的參與。

銀行的各種新商業策略（其一）

隨著金融自由化的腳步，銀行業者也推出了各種新商業策略。

首先來談東京三菱銀行在其店頭，展開的禮券販售活動。東京三菱鎖定東京都內數家分行實施這項活動，並趁勢吸引其他業者，共同推展這項活動。東京三菱銀行透過每個窗口，把銀行相關的贈品（如信用卡、DC卡和禮品卡）通通送出去，同時利用熱鬧的人氣，再由服務親切的行員把頗受市場歡迎的禮券推銷出去，藉以提高銀行收益。對銀行來說，不斷供應店裡的促銷禮券是相當費時的事，但由促銷手續費產生的獲利，也不容忽視，因此東京三菱才著手施行這個策略。

另一方面，住友銀行則展開於定期存款存戶指定的當天，支付現金的服務。至於服務的對象包括了定期達一年以上的個人及超級定期與存款大戶。這些存戶可以利用一年一次的機會，選擇自己喜歡的日子，要銀行把存款利息匯進自己一般的活期存款帳戶裡。當然若是在自己的生日或結婚紀念日當天，收到銀行匯入的利息的話，那豈不更令人高興嗎？這筆錢可以拿來零花，也可拿來帶著全家好好地上個館子飽餐一頓，這樣的促銷手法實在耐人尋味。

銀行的各種新商業策略（其二）

透過電話進行存款開戶及開立定期存款的「電信銀行（Telebank）」終於問世了，首先登場的是都營的富士銀行。

「電信銀行」開始的時候是以高所得者為對象，同時也限地實施。但是後來住友及三和兩家銀行業者也隨之跟進展開相同的服務。欲使用電話與銀行往來的顧客，自存款戶頭登錄後，其暗證號碼和契約號碼就會隨之確定。此外，使用電信銀行之專用電話的顧客，還可以透過這只電話進行匯兌、定存暨解定存，並查詢存款利率和戶頭使用明細等等。雖然必須支付手續費，但是對使用者來說是相當便利的服務。

住友銀行還以居住地變更及希望代轉公共費用的顧客為服務對象，三和銀行則是以資金流動為主，提供顧客全方位的服務。雖然富士銀行目前鎖定崎玉縣為實施「電信服務」的地區，但預計未來還會拓展施行範圍，同時擴大服務的客群。

銀行的各種新商業策略（其三）

在金融自由化日趨發展的今天，一種新金融商品「幸福三倍或五倍」也在銀行業者的推陳出新下，應勢而生。其作法是，透過隨機抽選的方式，決定定存款利率要提高三倍還是五倍。

其服務對象係鎖定定期一年的存戶，業者的作法是把定存金額為十萬或三百萬日圓的存單集合起來，並給予每一張存單一個抽選號碼。至於抽中比例是獲得五倍優惠利率的存單有五百張，獲得三倍優惠的存單有二千張，至於五萬張新定單的抽中比例也相當高。這樣大手筆的作法在業界可謂翹楚，而這種金融商品亦針對企業的短期 利率（1.625％）施行，並且將三百日圓的超極定存大戶的利率從零點三四提高為五倍的1.75％，這對銀行業者來說雖然不合算，但卻充分滿足了顧客心理，而獲得另外一面的收益。

如今同行業者亦透過抽選方式，藉這種高利率商品吸引顧客，同時考慮展開PR策略以獲得其他新的往來客戶。

銀行的各種新商業策略（其四）

接著舉出美國大型銀行「花旗」的例子。

透過該公司在美擁有的一千九百臺自動櫃員機，花旗的存戶可藉以進行股票買賣。凡在花旗證券公司的分支單位擁有戶頭的存戶，都可以透過自動櫃員機，利用刷卡方式在ATM的螢幕上，點選「證券（Securities）」這個選項，並且鍵入欲購買的股票類別及單位，就可以進行股票買賣了。當然透過股票的現況和最新股價的檢索，投資人也可以進行投資信託的買賣。而且分配到的股利也可以透過ATM匯入自己的活儲帳戶裡。

和日本不同，美國的銀行可以推展證券業務，銀行甚至可以從事股票交易和購買等業務。因此，美國的銀行存戶不但可以利用ATM作資金的自主管理，也可以利用ATM來運用資產。

反觀日本，日本是除證券公司外的投顧公司，其他業者仍不得參與股市交易，並且不得從事保險或投資信託的銷售業務，是故，要在日本看到像美國花旗一樣的資金運用方式仍顯困難。但我認為，為能與美國並駕齊驅，或許日本將來也會像美國一樣，允許利用ATM進行股票交易。甚或在不久的將來，日本民眾或許可以透過銀行的窗口，購買保險或者進行投資信託的交易。我期待擁有銀行戶頭的消費者不再透過金融機關，而可輕鬆購買所有商品的時代，也能在日本滋長。

銀行商業手法的問題點（其一）

雖然金融自由化是時代不可逆之勢，但銀行業者的商業手法依然未曾改變，令人大嘆其腳步過慢。我個人的看法是，銀行業者更應把握「個人全體經濟圈」之要義，讓所有銀行的戶頭都串連起來，成為一本通用帳戶，讓每個人都可以好好規畫生活的遠景。所謂「個人全體經濟圈」就是讓每個人都能擁有自己的「私人銀行」。就當我懷疑為何銀行業者不接納這個論調的時候，第一勸業銀行就展開了行動。

她透過「模擬服務」為客戶提供家計規劃並發出問卷，要使用者填寫現在的年齡、薪資所得、儲蓄和年金存款金額，以及預計何時結婚生子等資料，然後以郵寄方式寄回。待第一勸業收到問卷一至二星期後，就可以接獲銀行寄來的資金計劃，上面詳細列出了該填寫人未來的薪資結構、家計費用以及未來儲蓄貸款的可能利率等項目。這份資金計劃最長可推算到四十年以後，並且以圓形圖表繪出每五年的支出暨收入曲線。第一銀行的「模擬服務」明確掌握了個人經濟圈的情形，而且這種服務手法也和該行個人展開的營業活動息息相關。

銀行商業手法的問題點（其二）

由東京城南信用金庫推出的「附加懸賞金之定期存款」已經受到市場熱烈的歡迎，各金融機關遂紛紛起而傚尤。然而在我看來，大家都一樣豈不失去了特色。或許因為江郎才盡，也或許因為玩不出什麼把戲，利用懸賞和送贈品的方式促銷，似乎在前面提及的各業種和企業的促銷手法相比，略顯有落後之感。

推出相當於最高二十萬日圓賞金之定期存款的業者，就是前面提到的城南信用金庫與巢鴨信用金庫兩家。富士銀行為了刺激定期存款、儲蓄存款和累積存款業務，利用抽選方式，送出相當於八萬日圓的旅遊券、美食券、禮券和圖書禮券。住友銀行也推出最高金額四萬日圓的VISA禮品卡。

三井信託銀行則推出三萬日圓的禮品卡，中央信託銀行和東海銀行則分別推出寬幅電視、電子書和旅遊券（前者）及四萬日圓的旅遊券、禮品卡和MD隨身聽（後者）。最讓人不可置信的是，東洋信託銀行甚至以快速抽籤的方式，讓六千名中籤者都能獲得金額三千日圓的JCB禮品卡。SAKURA銀行則是多少送出香檳組合與名牌商品。再說安田信託銀行，她是提供渡假飯店的住宿券及贈送產地直銷的香瓜及蘋果或贈送大哥大等商品。

看到這裡，讓我不禁想到，三和銀行和東京三菱銀行就是利用該公司的象徵物，進行促銷，例如前者是拿史奴比暖被和史奴比坐墊當贈品，至於後者則把米奇早安組合當作贈品。另外，第一勸業銀行則一面推展累積存款服務，並在存戶累計到一定金額時，贈與觀賞J Ring戰況的入場券。我很懷疑，在觀看J Ring戰局日趨淡薄的今天，會有多少人前往第一勸業加入累積存款。

在這個利率低迷，且存款力淡薄的時代裡，我可以了解業者利用賞金和贈品方式挽回存戶的心的用意，但即便如此，也應該運用智慧好好地規劃一下。一九九四年十一月，城南信用金庫利用展開的附加賞金之定期存款業務，募集到一千億日圓的存款，令許多起而傚尤的金融機關感到束手無策。本書的目的在於介紹成功的促銷實例，但是這個例子卻一反原則地介紹了失敗的策略。

透過企業合作尋求生機的信用卡公司

39%的銀行業者、27%的直銷業者、26%的流通業者及其他8%的信用卡業者，如今開始迎接「由守轉攻」之經營轉換期，據說目前日本的信用卡發行總數已經達到二億三千萬張。

如今各界業者都已展開加強危機管理體制、因應高度情報化社會的需求，而信用卡業者則致力於同行之間的合作，藉以尋找更大的消費市場。接著就來談其中的幾個例子。

首先是豐田與JCB．UC．MC的合作案。至於本田則是和JCB．UC．DC合作，而日產的合作對象則是JCB．UC。透過這些合作案，信用卡業者提供集點服務，同時針對合作一方的加盟店，實施一種「幫對方將1.5%的刷卡金，累積一定的期間（例如五年），並提供最高限度三十萬日圓的買車扣抵金」。

不亞於汽車業者，航空公司也竭盡智慧，透過與信用卡業者的合作。它是將飛航距離和信用卡購物金額，換算成哩程數，然後提供免費機票的服務。展開這項服務的多為美國的航空業者，在日本則是JCB和西北航空、日本航空和全日空共同推展的業務。UC的合作伙伴則是美國的聯合航空，至於MC則是和密克羅西亞大陸航空共同合作。住友VISA和美國航空暨日本的全日空合作，阿梅克斯（音譯名）是和英國的Atlantic航空、艾爾法國航空（音譯名）及日本航空共同合作。這種透過與信用卡公司合作，共同推出的「哩程數服務」的競爭，或許會越發激烈。

此外，本州的高速公路可能改變成刷卡付費的方式（透過與JCB、VISA、阿梅克斯和日本黛納絲（音譯名）等信用卡公司合作）。這種刷卡付費（現金）的方式，在超市等場所已經發展成用卡簽名的方式。對於信用卡業者下一步會採取怎樣的行動，我樂觀其成。

透過加盟店迅速推展IC卡日本信販

信用卡一般是在卡片的背面貼上一條磁帶，如今日本信販卻開發出一種備受世人矚目的高科技新產品。

這種卡片不是利用磁帶，而是使用IC晶片。這張卡片名叫「超級顧客卡」的購物卡，讓當場申請加入的卡友，都可以立即開卡使用。「超級顧客卡」和信用卡一樣大小，它是把IC晶片埋在卡片裡。日本信販的加盟店事先備有晶片的讀寫卡，並在顧客申請購買時，將會員號碼及密碼等資料輸入新的卡片中。這麼一來，交易就算完成。如今日本信販的這個系統已經取得美國的特別許可。

過去各信用卡公司為了將顧客情報輸入電腦，都會在顧客提出申請後的二至三週內展開發行作業。為了防止信用卡被不正當使用，信用卡公司會在三次密碼輸入錯誤時，自動停卡，以保護持卡人的權利。

由於IC卡難以偽造，因此若顧客的信用沒有問題，公司就會不限制使用期限，讓持卡人半永久地使用該卡。據說，日本信販期待利用這種新卡發行系統，將持卡會員增加為五十萬人次。

此外，使用IC晶片卡的發行成本不低。而把一張大約三百位元記憶容量的卡片，製作成一般磁卡大小，且每張的發行成本控制在三百日圓，但這麼做仍然要比普通磁卡高出近一倍的發行成本；但若考慮新卡的郵寄費，則總成本應該和普通磁卡幾無二致。

但我擔心的是，固然店面這個管道可立刻將IC卡推銷出去，但是對於使用者本人的確認及審查，卻只能透過電話或傳真與日本信販來確認。這種作法真能杜絕卡片被盜用嗎？我抱以懷疑的態度。

由各信用卡公司展開的市外通話費的折扣服務

自JCB針對卡友提供市外通話費之折扣服務以後，各信用卡業者也陸續加入這個行列。

首先是UC卡與NTT資訊通信的合作。NTT推出的「Super Tele Wise25（音譯名）」服務，就是讓UC卡的持卡人每個月支付一定的金額，就能利用便宜25％市外通話費的系統。

NTT DATA所採取的，是電話公司吸收25％的折扣，另外的16～20％則再回饋到UC卡會員的身上。如今NTT DATA已經成為UC的加盟店，並且針對會員，提供從費用申請業務到代繳電話費的業務，通通包辦，當然這也包括代繳市內通話費在內。對會員來說，代繳服務的好處在於每個月無須支付一定的費用給NTT DATA公司。

住友VISA是和日本綜合研究所共同合作，展開16～20％的折扣服務，並且也和DC卡合作，展開15％的折扣服務。由於每月只要支付三千日圓的登錄費，就能享有20％的折扣，因此對於市外通話率高的持卡人來說，是相當便民的服務。但須注意的是，快到卡片結算日的時候，各電話公司就會停止推出「每月支付一定金額，即可享受折扣服務」的服務（如NTT Telehondai和Tele Jones推出的折扣服務）。

但一般夜間及早晨的折扣方案則不會改變。各信用卡公司推出的這些服務，都是以NTT及新電電等三家企業為主所推出的大金額折扣服務，而活用這種手法，應該可以對促銷有所幫助才對。

卡片名稱	市外通話費折扣率
JCB卡 DC卡	一律打折15%（但若使用DC卡，每月支付3000日圓的登錄費，即可享受20%的優惠）
住友VISA卡	針對每月市外通話費不超過1萬日圓的卡友提供16%折扣 針對每月市外通話費不超過1萬至10萬日圓的卡友提供18%折扣 針對每月市外通話費超過10萬日圓的卡友提供20%折扣
UC卡	針對每月市外通話費不超過1萬日圓的卡友提供16%折扣
日本信販NIKOS卡 大葉OMC卡	針對每月市外通話費不超過1萬至3萬日圓的卡友提供17%折扣 針對每月市外通話費不超過3萬至5萬日圓的卡友提供18%折扣 針對每月市外通話費不超過5萬至10萬日圓的卡友提供19%折扣 針對每月市外通話費超過10萬日圓的卡友提供20%折扣

HIS進出信用卡事業

以販賣便宜機票知名的HIS已經因為設立新航空公司而聞名，這次她又打算進攻信用卡事業。

「HIS David and Finance（音譯名，位於東京）」是一家新成立的公司。過去「HIS David and Finance」都是以HIS的顧客為會員卡的發行對象。該公司似乎鎖定經常作海外旅行的年輕人為客群對象，計劃將會員的信用卡及貸款額度設定在二十至三十萬日圓的上限，甚至允許最多可分為二十四次攤還。目前該公司已經在第一年度，朝爭取三十萬名會員的目標邁進，其氣勢之壯大可見一斑。

而在與國際萬事達卡公司的合作下，HIS David and Finance甚至提供預借現金（Cashing Service）的服務，讓正在海外旅遊的持卡人都能透過當地銀行的自動櫃員機提領現金，以備不時之需。未來HIS David and Finance計劃與旅行社商議，除進行便宜機票的銷售事業外，也考慮在旅行業、飯店業和航空事業的領域推展信用卡事業，讓這四種事業成為公司未來的四大支柱。

花旗卡可急解須在海外使用現金的窘境

一般到海外旅遊，旅客都會儘可能不把現金帶在身上，而是攜帶信用卡或者旅行支票，但用到現金的機會也不是沒有。就金融卡的發展來說，雖然現在金融卡也走向國際化，但目前由日本的銀行所發行的金融卡卻不能在海外使用。這麼一來，若在海外發生急須使用現金的時候應該怎麼辦呢？基於這個理由，由花旗銀行發行的國際現金花旗卡（International Cash City Card）遂因此而誕生。

一旦開戶，持卡人就可以任意使用全球七十五個國家、大約二十二萬七千台CD／ATM，提領存在日本某戶頭的一般存款。當然戶頭裡的存款是日圓，但所提領的現金卻會兌換成持卡人所在的國家。若身在美國所提領的就是美金；若身在德國則領出來的就是馬克。至於兌換的匯率將視當天而定，而且每天最多只能提領相當於五十萬日圓的現金。

不只如此，花旗銀行還推出二十四小時全天候提款服務。只要將卡片插入機器，就可以聽到自動提款機的日語語音服務。甚至海外花旗銀行的CD/ATM也是只要插入卡片（由日本花旗銀行發行者），就可以看到面板上的日文顯示字幕。這樣的服務手法對於不敢請教別人的日本觀光客來說，是相當便利的服務。

順帶一提，這張花旗卡在日本也可以使用，至於花旗銀行的自動櫃員機也是二十四小時全天候服務，持卡人甚至可以在任何一天利用合作銀行都銀，以及第一銀行的自動櫃員機提領現金。

用Private卡交換金券的車票俱樂部

金券的販賣手法已推陳出新。這是車票販賣暨退票之車票俱樂部（Ticket Club，位於東京），與Discount Store（簡稱DS）的合作下，不以現金而以該公司的Private卡作為與金券交換的物品。

DS的神奈川相模原分店（Eye World）內，已設有金券商店，但該公司依然承認過去發行的金券可以換成現金。在顧客的企盼下，DS也展開利用能在Eye World全店使用的Private卡作交換業務。而為能促進與Private卡的交換，該公司還把買價設定為比現金高出5%的價格。

DS把金券商店合併設立在店內，並且利用比自家店鋪推出的Private卡的條件更好的比率，進行交換的優勢，讓公司的營收隨著集客效果增加而提高。車票俱樂部預測，若把相模原分店的購買金額，也包含在Private卡的交換裡，估計全年的收益為二千五百萬日圓。

據稱，金券商店市場目前大約二千億日圓，但業界擔心的不是「銷售」，而是金券的「買氣」。

當然要作到供需平衡是相當困難的。但車票俱樂部策略高明的地方就在這裡。她把分店設在DS內部，讓家庭主婦等客群可以輕鬆地獲得金券。所以每個家裡必定都有二或三張的贈答用金券，如啤酒兌換券、商品券、圖書禮券和電話卡等等。雖然鮮有女性消費者會到街上到處可見金券商店，但是DS的作法卻是趁女性消費者購物時「順便」把金券推銷出去。

藉自動契約機提高營收的消費者金融

在股票相繼公開的背景下，比起過往，消費金融業界的收益已經提高。這種背景，加上資金調度的低利率化，自動契約機急劇普及之勢將不容忽視。畢竟，自動契約機對於那些需要向他人周轉，卻當面又難以啟齒的人來說，相當方便。

據稱，設有自動契約機場所的新顧客集中率是有人店面的二～三倍。自動契約機的先驅是阿科姆（音譯名），她似乎已經成為眾人熟悉的「MUGIKUN」命名的代稱。另外，還有些企業是以設置的自動契約機而知名；如：普洛米斯的「ILAASHAI Machine」、艾夫爾的「自動先生」以及雷克的「一人成肥」等等（以上企業及自動契約機的名稱，皆為音譯名）。我素來就對商品的命名感興趣，而對於「MUGIKUN」和「自動先生」這種消費金融之自動契約機，我個人以為是企業的傑作。

為了能和銀行業相抗衡，如今這些消費金融業者並不限定命名事宜，也朝顧客服務的方向推展業務。其透過電腦通信、網際網路等通信網路建構而成的金融系統（Cashing System），以及

因應多媒體時代所做的動作，如：設計各種網頁、提供高爾夫會員權情報或影帶、CD之出租排行榜，難道不是消費金融業者巧妙施展的企業策略嗎？

第八章

傳授未公開的促銷手法

傳授未公開的促銷手法

建議篇　你可以這麼做！

對於各種促銷實例前面已多有論述。接著針對這些實例，提出我個人的建議。

沒下工夫的贈品活動

在展覽會、新品發表會和結婚等場合，為表示謝意，場中都會贈送一些小東西，但這些物品不但不精緻，而且也沒有給人耳目一新的感覺。

究其原因，或許導因於禮品業者沒有建立配合贈送一方為表謝意的目的，來設計產品的體制，同時也缺乏生產這種產品的機會所致。

儘管禮品業者是在少量多樣的生產模式下進行銷售，但只因為每項產品都編列了不同的生產預算和品種類別，所以也沒有「這項商品絕對看好」的提案。在這種情形下，也可以說禮品業者沒有把握時機推出配合目的的企劃案，同時也缺乏產品的設計創意。

而以終端使用者（end user）為對象的獎金競賽（premium champion），明顯是業者為促進購買力和打響品牌知名度所做的動作。這種競賽包括「封閉型」與「開放型」兩種；前者係利用附加商品、店頭抽選和應募抽選等方式進行，後者則是藉由問題的應募抽選所做的問卷調查等方式達成。在此我就限定使用率最高的「封閉型」之「附加商品」手法，提出我的看法。

對於以往企業所做的獎金競賽，我衷心認為，其作法是不見效果的。以過去「買酒就送酒杯」以及「買調味料就送小盆栽等」這種促銷手法看，企業若不在附加商品上多下工夫，將無法創造魅力商品，畢竟，多花點時間選擇備用的樣品，以及認真檢討應如何推進廣宣作業，才是廣宣推進人員必須下工夫的地方。以我家為例；只要有新推出的燒酒我們總會購買，結果家裡竟堆滿了二十個贈送的玻璃杯，而最後我們還是把這些玻璃杯給丟棄了。

再以結婚典禮贈送的小禮物來看。由於幾天前我就獲知朋友的大公子即將結婚的消息，因此我便有機會及早提出建言。

我提出的建議是，「你應該思考什麼才是適合這種場合的禮物呢？那適合全家使用的「家庭用繃帶組合」是不錯的選擇。每個家庭只要有一組，就能帶來極大的方便，而且這件禮物，也意味著彼此雙方永不分離」。

當我對朋友提出這樣的建議後數天，我接他打來道謝的電話。

最後我舉出選購「送者大方、受者實惠」禮品的重點。相信滿足以下條件的禮品，一定不難買到。

● 選購「送者大方、受者實惠」禮品的重點

● 不管價錢如何都是件好東西

- 能讓受贈者高興的東西
- 想買卻無法買到的東西（與價格無關）
- 有趣的東西
- 個人喜好強烈的東西（針對東西的設計與色調而言）
- 具話題性的東西
- 具幽默感的東西
- 不是與商品有關就是與商品完全無關的東西

飯店及旅館業者效率經營的策略

因工作的緣故，平均每年我大約會有二十次住在飯店或旅館的機會。

至於設有溫泉或依山傍海的飯店和旅館，則是我們全家出遊時最常投宿的地點。不論是洽公或者私人休閒，當我投宿這些場所時都會明白出示本名和居住地址，但是儘管我事前明白告知，投宿地點後來的作法卻常令我感到不可思議。

不僅如此，對於店家交予的問卷我也認真填寫，無奈店家卻沒有針對我的建議做任何改善。我本以為，當我認真填寫問卷並且慎重提出我的抱怨（如：深夜熱水的供應不夠、房間浴室不乾淨、菜不好吃）後，店家會有所反應，但往往是石沉大海，音訊全無。只有一次例外且值得大書特書的例子，那是我投宿京都東急旅館的經驗。其作法是對於每一位顧客，東急旅館都會遞上一張印有董事長署名的謝卡，並且後來也會視情況贈送客人住宿招待券。令人驚訝的是，招待券裡還裝入知名的京都織。這些小動作，確實讓投宿者不惜坐計程車，也要住進這家距離車站不算近的旅館。究竟交通如此不便的旅館為何能擄獲人心？說穿了就是人情。

在我的記憶裡，還有一家服務不錯的旅館。她就是位於東京新宿車站南口附近的聖路德飯店（音譯名），這個美好記憶是在我全家投宿此地用餐時留下的。由於餐廳設在一樓，因此一樓的餐廳內往往會被晚上投宿的客人的坐車大燈，照得亮亮的，這麼一來，此時用餐客人的情緒也會受到干擾。雖然要求車主關掉車燈恐怕說不過去，但我仍建議店家只要在晚上客人用餐時，將靠窗一面的窗簾拉下來，或者放置若干植株高的盆栽也行；此番建議也獲得了店家的同意並確實照我所說的去做。結果不久之後，我就接到聖路德飯店寄來的謝卡和住宿折價券。雖然我並沒有事先預期會收到這些東西，但仍難掩心中的高興，一種被認同的滿足感油然而生，讓我的心雀躍不已，但這個實例仍是一個例外。由此看來，或許我可以說居於服務業最前線的飯店和旅館業者，在旅館的顧客管理系統和促銷的對應上，其腳步真的過於緩慢。

不順應時代改變的秋葉原電氣街

如今，位於東京秋葉原的電氣街一下子失去了活力。

儘管從顧客的觀點看，秋葉原的電氣街應該仍具魅力，但不管是交通的便利性、店舖的多寡、商品的豐富與折扣的優惠等方面，電氣街仍是最具魅力的一條街。

可是到了最近，或許因為大型量販店的興起，使得電氣街被迫關門，景況大不如前。為了重溫過去的盛況，商店街組合開始辦報，並且印製及發送「秋葉原電氣街報」，而且又在年末實施相當於現金的買賣，儘管商店街組合企圖利用各種手段來挽回目前的頹勢，但在我看來，仍顯不夠，真不知他們是採納哪一家大型廣告代理店的提案，才得到如此效果的。回顧秋葉原過去的衰退情形，我個人直覺地認為：「原因絕對和時代的順應性有關。」

以往在供給面不足的時代裡，只要商品一上架，就會被搶購一空。但是年頭已經變了，現在是「物質過剩」的時代。想「拉住顧客的心」，除了「順應時代」之外別無他途；而那種「不管任何時代，只要賣的便宜，就可以掌握顧客」的想法已經大錯特錯了。

時代已經不同。究竟電氣街應如何順應時代，以下舉出我的見解如下：

- 停車場不多，就算有也和店面有段距離。
- 對於需要花費較多時間選購家電用品的顧客，未提供可供休息與用餐的場所。對未選定商品，且每家店都看一看的顧客來說，應該可以考慮利用舒適的紅茶店和餐廳還吸引顧客。

● 不要輕忽問卷調查的功用。如：電氣街似乎全然不知在下雨天時，顧客一面到處亂逛，一面購物的窘況。

● 秋葉原這個地區忽略了顧客生理上的需要，這裡竟然沒有公共廁所。雖然每家電氣店都闢有盥洗室，但其標示卻不清楚，許多顧客都以為那是「員工用的盥洗室」，所以鮮少使用，甚至於並非每個樓層都闢有盥洗室。

對於秋葉原電氣街的沒落情形，以上是我個人的淺見；失禮之處，尚請見諒。

「招待顧客」的各種手法

企業所做的「招待」正是商品促銷的重要手法之一。而彙整招待的內容可知，諸如「洗溫泉」、「旅遊」、「看戲」、「打高爾夫」、「看棒球比賽」、「露營」，以及「海水浴場」、「到某地打獵」、「看慶典」、「工場招待」等等，都是企業招待顧客的各種名目。企業招待顧客最大的斬獲在於，可以在一或二天的時間裡，讓顧客完全聽任企業的安排，同時把企業恢宏的規模與商標的形象，深植在顧客心裡，甚至拉進招待者與被招待者間彼此的關係。無論如何，招待顧客時最要緊的是，加強顧客對企業的印象，當然這個印象一定要是好的。

我有一個感想是，幾乎所有企業主都只做到「招待顧客」，多半沒有認真考慮應如何加深顧客對公司的印象。自接待完畢後，參與的同仁大概都覺得鬆了一口氣，同時互道辛苦，彼此安慰而已。但這麼做只是徒增金錢與時間的浪費。

對於企業待客的重點，首先我就從招待參觀工廠的應對之道談起。

- 在工廠的入口設置布條和看板，以示歡迎。
- 這一點可能有些誇張，但最好事先確定派誰擔任「首席隨行員」。
- 嚴守參觀排程。
- 考慮有效利用參觀時間的作法。
- 多花些心思，儘量不要有冷場的情況。
- 在參觀範圍裡，儘可能做到讓參觀者感到無比光榮。
- 利用機會，讓參觀者親眼看到工廠生產的產品。
- 要做全程記錄；可以利用數位攝影機和攝錄影機，拍下所有參觀者的鏡頭，並且用心記錄全程。此外，表示歡迎的布條和看板等，也一定要拍攝下來。
- 準備當地的特產分送參觀者。
- 想個歡送參觀者的好法子：如由主辦者帶領全體人員列隊歡送等方法。
- 自招待結束幾天後，務必要寄發謝卡給全體參觀者（謝卡中應明白重申此次參觀工廠的目的）。

● 除了謝卡以外，最好也把相簿和錄影帶裝進去，一起寄出去。

沒有做到顧客管理的車商和保險公司

因為工作之故，「顧客管理」是我畢生研究的主題，而我對這個主題的看法恐怕不是一天或二天可以說完全的。儘管顧客管理極為重要，而且只要確實執行就可以提高業績，但我認為，車商和保險公司卻仍未做到對企業相當重要的顧客管理。

汽車業者只有在公司「營業」的時候，才會有所動作，至於保險公司也是如此。一旦保戶投保後，保險公司和保戶之間就幾乎沒有往來，只有在年末時，才會把「終身保險證明單」寄給保戶。但這並非服務顧客的作法，而不過是保險公司在盡其義務而已。更甚的是，有些保險公司連保戶的營業員離職後，也不會打聲招呼，這樣的情形相信你一定聽過吧！

限於篇幅的關係，在此我無法針對這兩個業種提出建議，但我還是就保險公司最應改進的地方提出我的意見。

這是我的一個親身經驗。背景是我投保的保單即將期滿之前，我帶著印鑑和保單到保險公司的會計窗口領取期滿保險金時發生的事。當時我在繳費窗口等了一會兒，後來聽見有人叫道：「三浦先生，只要您把期滿金交給我們，本公司就會為您設計一張對您更有利的保單」。對於這筆期滿金雖然我還沒有打算要怎麼用，但是這個時候提出這樣的建議卻顯得相當不適當。保險公司應該都事先知道每一位保戶的保單到期日，當到期日將屆之時，保險公司應該發一份DM，上面寫著：「貴保戶的保單到期日為某年某月某日。感謝您長時間的支持，您的期滿金為○○○萬日圓。對於這筆期滿金或許您早有安排，但如果沒有，請務必投保本公司用心設計的某某保險」。但您知道，保險公司的這份DM蘊涵的效果嗎？

在我認為，這是保險公司即時做出的貼心服務，以及平時與顧客交流的手法。畢竟所謂的顧客管理，不只是在對方的生日才送生日禮物而已。

主題公園今後的問題在哪裡？

位於岐阜縣犬山市的「明治村」是今天日本主題公園的橋梁。當然主題公園的最佳成功範例仍當屬東京的迪斯奈樂園。透過大筆的投資金額、對美實施的市場策略，以及徹底針對員工進行的制式教育等等，迪斯奈樂園的集客率的確與年提高。在東京迪斯奈樂園的園規下，員工對於每一位進入大門的遊客，不以一般慣用的「歡迎光臨」，而以「您好」做為招呼語，這是員工訓練的第一步。迪斯奈的策略是，不管進入園區遊玩，或是過門不入的人，都是迪斯奈樂園的朋友。

就是這種愉快面對所有人的企業策略，迪斯奈樂園總是給人「快樂的時間容易過」的感覺。如今東京迪斯奈樂園正耗資二千七百億日圓，興建預計在西元二〇〇一年開幕的主題樂園「東京迪斯奈海（Tokyo Disney Sea）」，並且計劃在JR舞濱車站附近，興建複合式電影院和飯店，以朝向停留型休閒化的目標。

長崎的「House Tenbos（音譯名）」、「東武World Square」等主題樂園雖然分布日本各地，但經營狀態都不成功。若從近數年來遊樂場所之主題樂園的營收來看，就能意外發現是多麼不景氣。

此外，主要設施的集客數共達三千一百六十萬人次，雖然過半數的遊樂設施每年都有一百萬以上的遊客使用，但實際的營收卻比前年降低。除東京迪斯奈是個例外，儘管長崎的「House Tenbos」再怎麼努力，也不過是提升一位數的營業額。以下列出分布日本各地主題樂園的主要設施的內容。

（分布日本全國各地之主題樂園的營收情形）

年	營收（億圓計）	提高率（%）
91	5900	5.7
92	6140	4.1
93	5850	降低4.7
94	5670	降低3.14

降低值係餘力開發中心調查所得

主題樂園名稱	來場人數（萬計）	全年同期比
東武World Square	155	降低24.7%
橫濱・八景島海洋樂園	676	降低14.2%
東映太秦映畫村（位於京都）	160	降低11.1%
雷歐馬世界（音譯名，位於香川縣）	127	降低11.1%
Space World（位於北九州市）	210	1.4%
長崎House Tenbos	405	5.7%

然而與大型主題樂園相比，入場人數每年不超過一百萬人次的中規模遊樂設施，大概都能維持相當水準的營收。其中以妖精的森林和中世紀古堡為題的Sanriopuro Land（音譯名，位於東京多摩市），在設施的看板上載有中文版的作法相當值得欣慰。除了中國以外，Sanriopuro Land還考慮到來自香港或臺灣的遊客的需要，製作適合該國國民查閱的旅遊指南；這種作法實在了不起。

而那些分布各地、已經意識到投資效果的小型主題樂園的營收卻是一片興盛。遊戲卡帶製造商「Namuko（音譯名）」所開設的Sunshine Nanja Town（音譯名）等小型主題樂園，因重現出昭和三十年代的街道景觀，加上地點的優勢，而深獲年輕客群好評。此外，Sega企業導入最新科技開幕的東京Joy Polis（音譯名）等，在大型商業設施的相乘效果下，也聚集了不少人氣。

這樣看來，除投資大筆成本的大型主題樂園外，企業若不採取「誘客對策」，或許就難以生存。而對於樂園主題的制定，一向感性的日本人似乎不感興趣。雖然我也不是這種大型專案的企劃專才，但我仍提出我的主題方案。

- 怪獸樂園（怪獸的大行進）。
- 地球歷史樂園（地球誕生、生物誕生、類人猿誕生和人類誕生）。
- 日本歷史樂園（石器、繩文、江戶、明治維新）。

- 童話（日本古老故事）村樂園。
- 安得孫樂園。
- 電視主角樂園（以各種電視主角為題）。

這些建議主題一經提出，馬上就獲得迴響。就像這次在岡山縣的倉敷，一處象徵大文豪安得孫曾經鍾愛的奇波里公園（位於歐洲的丹麥）的「倉敷奇波里公園」就在見報後開幕了。這個充滿安得孫的夢想和浪漫的公園，正是業者意圖實現的休閒地。

展示間也可以做的促銷手法

展示間（以下簡稱SR）是企業與終端使用者互相接觸的地方，對企業來說，SR也是「情報的發送基地」。但若全盤從促銷面來看，卻鮮少有SR掌握了這一點；它對企業競爭力的提升施力甚少。若真要說哪些業種的展示室發揮了提升企業競爭力的功能，我想汽車業者、辦公室暨住宅設備機器製造商的SR所做的努力將不容忽視。我認為，對製造商來說，伴隨企業形象而來的購買力（亦即買氣）的提升，正是SR的使命所在。以下針對SR的展開，提出我的看法（這正是SR的基本策略）。

- 入口一定要是自動門。

- 入口的外側及內側應該分別明示：「歡迎光臨。請慢慢比較參考並給予指教」，以及「謝謝您的惠顧。本公司另外提供代客搬運的服務」的文字。
- 收銀台和諮商區應該設在入門看不見的地方。
- 品名、產品特徵和價格等，應明確顯示出來。（這是考慮到未配戴老花眼鏡的人的需要）
- SR的辦公室應保持安靜，完全隔絕電話及講話的聲音。
- 盥洗室的圖形應明確顯示出來。
- 不斷播放流行音樂。
- 錄影影像也要不斷播放出來。但聲音卻儘可能別開太大；當然，只有影像，沒有聲音的作法絕對不成（可以參照銀行的作法）。
- 諮詢區的座椅要讓人坐的舒服。
- 準備檔案、信封、手提袋和記念品等等，送給欲離店的顧客。
- 儘可能建立曾經造訪的顧客系統。

SR的布置手法

- 做出季節感（與商品無關的擺設往往可以營造出意外的效果）。夏季時分，可以在展示間放置裡滑水板、沙灘球、帳棚和泳衣等裝飾品；冬天時候則可將滑雪、滑雪鞋和阿爾卑斯的大型螢幕。

- 營造出生活感和使用感，和商品無關的擺設也不錯。（舉例汽車的話，可透過大型照像螢幕，呈現出全家出遊和露營的情景。）
- 系統廚房的話，可以把蔬菜、水果和法國麵包當做樣品。並透過大型照像螢幕，呈現出全家一起用餐的情景。
- 家電用品的話，可以把展示間做成起居室的模樣，再行展示。
- 儘可能突顯「新產品」。可以的話，最好把新產品放在旋轉盤上，使之成為注目的焦點。
- 明白表示「今日商品」的字樣，以吸引買氣。

SR的服務

- 儘可能取悅小孩子，使他們不覺得無聊。可以在展示間裡放置一些玩具、繪畫本和電視主角等等。
- 注意飲料的供應，甚至設置自動販賣機。
- 經常準備一些報章雜誌。
- 放一張坐起來相當舒適的沙發。
- 設置公用電話。

SR所在的PR手法

- 即使夜晚也可以讓路人透過櫥窗的燈看到。

● 若是裝有百葉窗的場合，應在所有百葉窗上，事先寫上SR名及主要商品名稱。
● 不論何時都要製造既活潑又愉快的氣氛。
● 營造使人輕鬆的氣氛。
● 也能當作候客室使用。

SR提升企業競爭力的策略

● 定期舉辦各種產品活動（即新品發表會暨座談會）。
● 同時舉辦與商品沒有直接關係的活動，如：產地直送市、腳踏車市、花市、植樹市和孩童廣場等等。
● 免費開放近SR會議室的主婦同樂會。

◎ 攝影工作者快門生涯轉轉彎
工商企管系列004
作者：林碧雲
定價：200元

這是一本綜合過來人的經驗及客觀的建議，為您透析各類「攝影工作者」實際甘苦的書，讓您做好周全的準備，暢遊SOHO快意人生。

◎ 企劃工作者動腦生涯轉轉彎
工商企管系列005
作者：林書玉
定價：220元

企劃，就是出賣點子的人！賣點子的人又該怎樣為自己出點子，該怎樣突破事業瓶頸，化危機為轉機？別擔心，只要翻開本書，您就能獲得充份的解答。

◎ 電腦工作者滑鼠生涯轉轉彎
工商企管系列006
作者：王潔予
定價：200元

會電腦的人有很多，但懂得用電腦賺錢的人卻不多。本書不但教你如何用電腦賺錢，更教你如何用電腦賺得自由與夢想，有夢的你不要錯過！

◎黛安娜傳（1999年完整修訂版）

PRINCESS OF WALES

作者：安德魯・莫頓

定價：360元

威爾斯之星的誕生與隕落

附黛安娜王妃珍貴彩照80幀

「這是本現代經典之作，該書甚至對主人翁本身也產生重大的影響。」——
大衛・撒克斯頓，倫敦標準晚報

黛安娜～一顆璀燦的威爾斯之星，她的風采與隕落，帶給世人多少的驚歎與欷歔。黛妃從1981年與英國王儲查理王子結縭，到1997年8月31日車禍身亡，十七年的時光裏，她一直是世人目光的焦點。在黛妃的一生中，嫁入皇室是榮耀的開始，卻也是寂寞宿命的起始。本書主要描述三個主題：黛安娜的貪食症、自殺傾向以及查理王子跟卡蜜拉之間的關係，徹底揭露黛妃長期於虛偽的皇室中以及在媒體偷窺追逐的壓力下，如何尋找自信與追求自我價值的真實動人歷程，為作者安德魯・莫頓最膾炙人口的一本著作。

安德魯・莫頓曾創造了許多暢銷書，並且獲頒許多獎項，其中包括年度最佳作者獎及年度最佳新聞工作者獎等。本書更為所有介紹黛妃的著作中，唯一詳實記載黛妃受訪內容的一本傳記書籍，其訪談深入黛妃的內心世界，是為黛妃璀燦卻又悲劇性短暫的一生完整全記錄。值此黛妃逝世兩週年之時，讓我們重新認識她那不被世人所了解的一生，領會其獨一無二的風采與智慧。

請沿虛線剪下，對折裝訂後寄回

北區郵政管理局
登記証北台字第9125號
免貼郵票

大都會文化事業有限公司
讀者服務部　收

110 台北市基隆路一段432號4樓之9

寄回這張服務卡(免貼郵票)
您可以
◎ 不定期收到最新出版訊息
◎ 參加各項回饋優惠活動

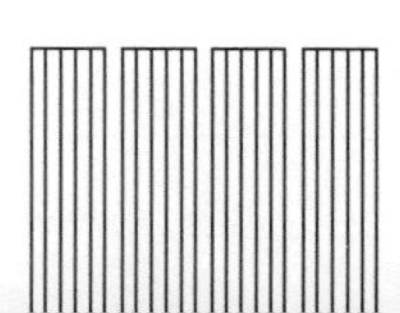

請沿虛線剪下，對折裝訂後寄回

大旗出版・大都會文化　　讀者服務卡

書號：CM010　**挑戰極限　200個企業起死回生成功實例**

謝謝您選擇了這本書，我們真的很珍惜這樣奇妙的緣份。期待您的參與，讓我們有更多聯繫與互動的機會。

讀者資料

姓名：＿＿＿＿＿＿＿＿＿＿＿＿ 性別：□男　□女

身份證字號：＿＿＿＿＿＿＿＿＿＿ 生日：　年　月　日

學歷：□國中　□高中職　□大專　□大學（或以上）

通訊地址：＿＿＿＿＿＿＿＿＿＿＿＿＿＿＿＿

電話：（H）＿＿＿＿＿＿＿＿ (O)＿＿＿＿＿＿＿＿

※ 您是我們的知音。所以，往後您直接向本公司訂購（含新書）可享八折優惠。

1.您在何時購得本書：　年　月　日

2.您在何處購得本書：

□書展　□郵購　□書店　□書報攤　□便利商店　□量販店

□其他＿＿＿＿＿＿。

3.您從哪裡得知本書（可複選）：

□書店　□廣告　□朋友介紹　□書評推薦　□書籤宣傳品等

4.您喜歡本書的（可複選）：

□內容題材　□字體大小　□翻譯文筆　□封面設計

□價格合理

5.您希望我們為您出版哪類書籍（可複選）：

□旅遊　□科幻　□推理　□史哲類　□傳記　□藝術　□音樂

□財經企管　□電影小說　□散文小說　□生活休閒　□其 他

6.您的建議：＿＿＿＿＿＿＿＿＿＿＿＿＿＿＿＿

＿＿＿＿＿＿＿＿＿＿＿＿＿＿＿＿＿＿＿＿

＿＿＿＿＿＿＿＿＿＿＿＿＿＿＿＿＿＿＿＿

挑戰極限　200個企業起死回生成功實例

作　　者：三浦 進
譯　　者：唐一寧
發 行 人：林敬彬
企劃編輯：蔡郁芬
美術編輯：張美清
封面設計：張美清

出　　版：大旗出版社　　局版北市業字第1688號
發　　行：大都會文化事業有限公司
台北市基隆路一段432號4樓之9
電話：02-27235216　傳真：02-27235220
e-mail：metro@ms21.hinet.net
郵政劃撥：14050529　大都會文化事業有限公司
出版日期：2000年7月初版第1刷
定　　價：320元 促銷品

ISBN：957-8219-13-X
書號：CM010

國家圖書館出版品預行編目資料

挑戰極限：200個企業起死回生成功實例／三浦 進作；唐一寧譯.
-- 臺北市；大旗出版；大都會文化發行,
2000〔民89〕
面；公分——（工商企管；10）

ISBN 957-8219-13-X（平裝）

1. 銷售 2.企業再造

496. 5 89005880